谨以此书纪念国际著名冶金专家 **Michael Korchynsky** 先生

钒在微合金钢中的作用

〔瑞典〕Rune Lagneborg　　　Bevis Hutchinson

　　　　　Tadeusz Siwecki　　　Stanislaw Zajac　　　　著

杨才福　　王瑞珍　　陈雪慧　译

北　京

冶 金 工 业 出 版 社

2022

图书在版编目(CIP)数据

钒在微合金钢中的作用/(瑞典)兰纳伯格(Lagneborg，R.)等著；杨才福，王瑞珍，陈雪慧译. —北京：冶金工业出版社，2015.10（2022.1 重印）

ISBN 978-7-5024-7096-8

Ⅰ.①钒… Ⅱ.①兰… ②杨… ③王… ④陈… Ⅲ.①钒钢—低合金钢—研究 Ⅳ.①TG142.33

中国版本图书馆 CIP 数据核字（2015）第 248380 号

钒在微合金钢中的作用

出版发行	冶金工业出版社	**电　话**	（010）64027926
地　　址	北京市东城区嵩祝院北巷 39 号	**邮　编**	100009
网　　址	www.mip1953.com	**电子信箱**	service@ mip1953.com

责任编辑　李培禄　美术编辑　吕欣童　版式设计　孙跃红
责任校对　郑　娟　责任印制　李玉山
三河市双峰印刷装订有限公司印刷
2015 年 10 月第 1 版，2022 年 1 月第 2 次印刷
710mm×1000mm　1/16；8.75 印张；138 千字；130 页
定价 50.00 元

投稿电话　（010）64027932　投稿信箱　tougao@cnmip.com.cn
营销中心电话　（010）64044283
冶金工业出版社天猫旗舰店　yjgycbs.tmall.com
（本书如有印装质量问题，本社营销中心负责退换）

译者的话

《钒在微合金钢中的作用》一书，是瑞典金属研究所 R. Lagneborg 等人以过去35年的研究工作为基础，并参考本领域相关的研究成果，先后两次综合编写而成的。本专著第一版于1999年发表在《Scandinavian Journal of Metallurgy》期刊上；第二版把第一次出版后的许多新的研究成果又补充到书中，主要包括 VN 粒子在冷却过程中作为铁素体形核剂的作用以及在无缝钢管、厚壁型钢中的应用，钒微合金化用于稳定低碳贝氏体带钢组织和强度的作用等，于2014年由 Vanitec（国际钒技术委员会）出版。这本书是已故国际著名冶金专家、美国钒公司冶金顾问、中国国家"友谊奖"获得者 Michael Korchynsky 博士特别推荐的，该书的第一版、第二版均由国际钒技术委员会-钢铁研究总院钒技术中心组织专家翻译成中文，以便于国内冶金工作者学习、参考。

全书共分8章。第1章简要介绍了钒微合金结构钢的发展，第2~4章内容涉及与钒钢相关的热力学原理及其应用、微合金化对奥氏体的影响、铁素体中的沉淀析出及其对强度的影响。第5~8章主要综述了钒在微合金结构钢主要生产工艺中的作用，如连铸、热机械控制工艺和焊接。该书全面阐述了钒在微合金钢中的作用和目前钒微合金化技术的最新研究成果。它对从事含钒微合金钢研究的科研人员和从事含钒微合金钢生产的工程技术人员是一本很好的参考书，对使用含钒微合金钢的用户也有一定的参考价值。

我国是钒资源的大国，储量丰富，目前钒制品产量居世界首位，在我国发展钒微合金化钢具有资源上的优势。迄今为止，我国钢材产品中长型材占主导地位，提高其产品质量、促进产品升级换代对我国钢铁工业的发展具有特别重要的意义。钒微合金化技术非常适合长型材的生产工艺。特别是当前，我国正在大力推广应用 400MPa Ⅲ级和 500MPa Ⅳ级高强度钢筋。实践证明，采用钒-氮微合金化技术是一条比较经济有效的途径，它可节约钒 20% ~ 40%，具有显著的经济效益。该书的出版对应用钒微合金化技术、提高我国钢材品种质量必起到积极的推动和促进作用，具有重要的现实指导意义。

译　者
2015 年 8 月

内 容 提 要

    本书主要介绍钒作为微合金化元素在结构钢中的作用。在简要的历史性概述之后，接下来三章主要介绍钒在钢中的物理和化学性能，特别是钒与元素碳和氮的反应。第2章介绍了钒的热力学基本原理及其应用，并将钒与其他微合金元素钛和铌做了比较。在钢材加工过程中，由于这些元素的碳氮化物在奥氏体中具有不同溶解度，所以它们也具有不同的行为。$V(C,N)$ 在奥氏体中具有较高的溶解度，在热变形期间，钒的作用很小，主要是保持固溶状态，在随后的冷却过程中将产生显著的析出强化。第3章和第4章分别讨论了微合金碳氮化物在奥氏体和铁素体中的析出行为。VN 与 TiN 复合析出是很重要的，因为 TiN 是更稳定的化合物，并常常在奥氏体中充当 VN 析出粒子的基体。最新的研究结果表明，铁素体易在 VN 粒子上形核，从而提供细化晶粒和改善力学性能的机会。描述了在铁素体相变期间和相变之后 $V(C,N)$ 的析出机制，分析了 $V(C,N)$ 的强化效果，包括相间析出、碳和氮含量对铁素体中均匀析出的综合作用。

    第5章阐述了在传统厚板坯及薄板坯连铸过程中钒及其他元素对组织结构和热塑性的影响。第6章描述了热机械控制工艺（TMCP）原理，着重介绍了钒和再结晶控制轧制（RCR）对于优化钢最终强度和韧性的益处。其中最重要的控制因素是变形制度、钢的成分特别是氮含量以及奥氏体向铁素体相变温度区间的冷却条件。遵循这些总的原则，第7章列举了多种具体的产品，介绍了钒在改善各种产品性能中的作用，讨论了在每种情况下如何实施最恰当的 TMCP 工艺。介绍的产品类型有：厚板、带钢、长型材、无缝管及锻钢。在所有这些产品中，氮对促进 V(C,N) 在铁素体中析出从而提高钢的强度起着重要作用；在某些情况下，通过促进铁素体在奥氏体中形成的 VN 粒子上形核，由此产生的晶粒细化效果对强度和韧性均有贡献。

　　第 8 章讨论了钒微合金化钢的焊接性能，重点介绍了热影响区的组织和韧性。在大多数情况下，钢中的钒和较高的氮含量对热影响区韧性的影响较小，只在高热输入焊接条件下，由于形成粗大的铁素体使钢的韧性降低，但在较低热输入焊接条件下，无论是单道次还是多道次焊接，热影响区韧性均较高。

目　　录

1 绪　　论

1.1　钒的发现及其应用

钒是由瑞典科学家 N. G. Sefström 博士在 1830 年发现的。他在从事由 Taberg 矿的铁矿石中提炼球墨铸铁的研究时，获得了一种残留物，其中含有一种以前从未发现过的元素——钒。Sefström 的导师，著名的瑞典化学家 J. J. Berzelius 对这种新元素产生了兴趣。他在国际上宣布了 Sefström 的发现，并就钒盐开展了大量研究工作。然而，Sefström 和 Berzelius 的工作只限于对大量钒化合物的化学研究。直到 30 年之后，才由英国化学家 H. Roscoe 提炼出了金属钒。

基于 Sefström、Berzelius 和 Roscoe 的研究，钒早期是作为一种化学化合物来应用的，墨水黑色剂和织物固苯胺黑色染料就是早期应用的实例。到了 1900 年，德国科学家发现钒盐可以作为很多化学反应的催化剂，这一发现使钒作为一种化学试剂得到了重要应用。

在 20 世纪早期，随着冶金工艺技术的发展，实现了铁合金的商业化生产。为了探索钒作为合金化元素在钢中的应用，在英国南威尔士建立了第一家生产厂，并给谢菲尔德大学的 Arnold 教授分配了一个特殊的任务——研究钒在各种钢中的合金化作用。

Arnold 等人在谢菲尔德大学的研究工作奠定了整个工、模具钢领域的基础，包括了从高速钢到冷作、热作模具钢。在所有这些应用中，钒碳化物的高硬度以及其高温稳定性起到了关键作用。钒在工具钢中的合金化作用并未随时间的推移而减弱。新工艺、新技术的发展，特别是粉末冶金技术的发展，使得人们可以大幅度增加高速钢和冷作模具钢中硬化相的含量。因此，近年来，钒在工具钢中的应用亦有了大幅增长。

钒在工程用钢中的作用也早已得到证实。20 世纪初，英国和法国的研究表明，钒合金化能使碳钢的强度大幅提高，尤其是在淬火加回火的工艺条件下。在美国，一次偶然事件促使了钒在汽车用钢中的应用。亨利·福特一世在观看一次赛车比赛时，一辆法国轿车被撞毁，在检验汽车残骸时，他发现一根由瑞典生产的曲轴的破损度比预想的要小得多。经过试验检验，发现该钢中含有钒。于是，福特便采用钒合金化钢制作福特车的关键部件，以便更好地抵抗路面的振动与疲劳。然而，在当时的条件下（约 1910 年），还缺乏对钒的有益作用的理解。现在，人们已经有了清楚的认识：在冷却和回火过程中，细小碳氮化钒的析出能提高钢的强度；在淬火或正火温度下，氮化钒能阻止晶粒长大，细化最终组织，从而改善钢的冲击性能。钒合金化的其他一些重要应用，主要集中在 20 世纪 70 年代前发展起来的高温电站用钢、钢轨钢以及铸铁等方面。

高强度低合金（HSLA）结构钢领域是所有钒的应用中意义最大、用量最大的领域。这类钢另一与其合金化特点相称的名称是"微合金化钢"。微合金化钢的发展始于 20 世纪 50 年代，下面还将对其发展历史进行评述。

除了用于钢和铸铁的合金化以外，钒还是航空航天工业中钛合金的重要添加元素。虽然钒基合金由于其核物理特性、高温力学性能和耐蚀性已被应用于核反应堆，而且被认为是未来核反应堆的替代材料，但是，作为结构材料目前还没有得到大量应用。

1.2 钒的应用统计

钒的来源主要有三个。大约 70% 的钒来源于使用高钒铁矿的钢厂的钢渣，大约 20% 直接来源于富钒的矿物，约 10% 来源于某些石油油料。目前（2013 年），世界范围内钒的总消耗量约为每年 79000t，是本专著首次出版时的两倍多（1999 年，34000t）。钒主要用于钢的合金化，约占总消耗量的92%，因此，钒的消耗和钢的产量是紧密联系的。中国钢产量的显著增长成为最大的驱动力，2013 年，仅中国就消耗了 35000 多吨钒。

钒用于钢的合金化主要是在微合金化结构钢领域，包括长型材和扁平材。最突出的是中国的混凝土钢筋，它是用钒最多的单个产品。钒也广泛地用于合金钢，如高速钢、工具钢和高温低合金钢等。各国间钒的吨钢消耗量是不一样的，与所生产的钢产品和采用的工艺有关。例如，在北美，每吨钢约消耗 0.08kg 的钒；而在中国，每吨钢约消耗 0.035kg 钒；在日本和欧洲，每吨钢约消耗 0.06kg 钒。

每年约有 8% 的钒用于钛合金和化学产品领域。与钢相比，用于钛合金的钒的数量相对小但是稳定。Ti-6%Al-4%V 合金是主要的航空用钛合金，随着商用飞机产量的增加，以及在未来设计中将采用更高比例的钛合金，其应用有望增加。主要的化学产品应用包括氧化催化剂、污染控制催化剂，以及用于油漆和陶瓷的颜料。储能是将来钒的潜在新应用。

中国是最大的钒生产国，2013 年约占全球产量的 55%。其他的主要生产国及地区是南非、俄罗斯和北美；澳大利亚、巴西和其他一些国家也在发展中，它们将向市场提供更多的钒。

1.3 钒微合金化结构钢的发展

微合金化结构钢和相应的控轧工艺的发展始于 20 世纪 50 年代后期。随着第二次世界大战战后焊接结构的广泛应用，考虑到碳对焊接结构韧性的不利影响，通过增碳提高钢强度的手段在实际应用中受到限制。晶粒细化可以同时提高材料的强度和韧性，这种新的观点强烈刺激着新热轧工艺和新钢种的开发。随着时间的推移，人们认识到，微合金化元素的析出强化可以替代碳的强化作用，而且可使焊接性得到改善。

过去，用于关键部位的结构型钢和钢板必须正火处理。20 世纪六七十年代，含 0.15% ~ 0.20% C 和 0.10% ~ 0.15% V 且适当增加钢中氮含量（0.010% ~ 0.015% N）的低碳钒微合金钢在这一领域获得了广泛应用，如厚壁天然气管线钢。

20 世纪 60 年代早期，Bethlehem 钢铁公司开发了系列钒-氮钢，其碳、锰含量上限分别为 0.22% 和 1.25%，屈服强度范围 320 ~ 460MPa，以热轧态供货使用，规格包括了板、带和型钢的所有产品。早期开发的钒微合金化带钢是 VAN80 钢，它是 1975 年左右由 Jone & Laughlin 开发的，其屈服强度级别达到 560MPa。该钢首次采用在线控制加速冷却工艺生产，同时增强了晶粒细化和微合金元素的析出强化作用。1965 年左右，控轧工艺发展达到了商业化生产的水平。采用铌微合金化，可以阻止热轧过程中的奥氏体再结晶，因此随压下量的增加奥氏体晶粒逐渐被拉长，通过这种方法，可以调控奥氏体使之相变为非常细小的铁素体。为了提高强度，人们很快发现同时添加钒的优势。这类控轧铌-钒微合金钢，约含 0. 10% C、0. 03% Nb 和 0. 07% V，已为管线钢广泛采用。

随后开发的一种不同的控轧工艺路线（约在 1980 年左右）是再结晶控制轧制。通过使每道次变形后的形变奥氏体发生再结晶，同样可以达到上述控轧方法的晶粒细化效果。此工艺可采用较高的终轧温度，因此对轧机的轧制力要求较低，不但可以提高生产率，同时能在轧制力较弱的轧机上实现轧制生产。该工艺非常适合钛-钒微合金化钢的生产，因为这两种元素对再结晶的抑制作用都较弱，在轧制过程中可以实现反复的再结晶。

1.4 本书的范围

本专著的第一版于 1999 年在《Scandinavian Journal of Metallurgy》期刊上发表[1.1]。美国战略矿物公司（Strategic Minerals Corporation of USA）获得了该专著的版权，随后以中文和俄文出版。现在，14 年过去了，许多新的相关研究和发展呈现出来，是该更新本专著内容的时候了。与第一版相同，本书旨在综述钒在微合金结构钢中的作用以及我们对钒影响钢的微观组织演变和力学性能的认识，着重论述钒在各类产品热机械控制工艺中的作用。涉及的钢种主要包括低碳到中碳含量的铁素体-珠光体型微合金化结构钢，而其他的含钒钢种，如工具钢、高速钢和低合金抗蠕变钢等，未包含在本书中。

本书主要以瑞典金属所（现在的 Swerea KIMAB）过去 35 年间的工作为基础，同时也参考了其他相关的已发表的研究工作。需要强调的是，本书的意图并不是要对此领域的所有文献进行综述。原来的大部分内容已经修改，有几个章节是重写的。新的内容包括 VN 粒子在冷却过程中作为铁素体形核剂的作用，以及在几种产品领域如无缝管和厚壁型钢中的应用；另一个例子是钒微合金化用于稳定低碳贝氏体带钢的组织和强度；在 1999 年处于发展初期的薄板坯连铸的发展也与钒微合金化有关。

阐述当前对这一学科的科学认识是本书的主要宗旨。因此，本书前 3 章主要讲述如何理解及诠释含钒微合金钢的本质现象及其性能，内容涉及与钒钢相关的相平衡热力学预测、微合金化对奥氏体的作用、铁素体中的沉淀析出及其对强度的影响。后 4 章综述了钒在微合金结构钢主要生产工艺过程中的作用，如连铸、热机械控制工艺和焊接。

如前所述，本专著无意对这一领域的所有文献进行全面的综述。读者可参考其他来源，特别是 Baker 近期的出色综述[1.2]包括了钢中钒-相晶体学的很多方面，这些内容在本书中省略了。Gladman 的关于高强度低合金（HS-LA）钢的书[1.2]是了解高强度低合金钢和热机械控制工艺的起点。有关钢中的钒的相关论文，大部分都是容易获得的，并且可以从国际钒技术委员会网站上下载[1.3]。

1.5　致谢

本书主要总结了过去 35 年来在 Swerea KIMAB（前瑞典金属研究所（SIMR））所进行的研究工作。该研究得到了美国钒公司/战略矿物公司（及其前身联合碳化物公司）的经济资助，并且得到了该公司已故国际著名冶金学家 Michael Korchynsky 先生提供的技术支持。Michael Korchynsky 先生多年来的关注和参与是保证本项工作得以顺利完成的先决条件。作者对 Michael Korchynsky 先生多年来对本项工作给予的必要而有益的帮助以及不计其数的技术讨论表示衷心的感谢。最近，我们对钒微合金化技术的研究，包括本专著的准备，一直得到国际钒技术委员会的支持，作者对该组织和一直关注本专著的 David Milbourn 先生表示感谢。

同时还要感谢 SIMR 总体研究项目和 SSAB 的经费支持，感谢在 SIMR 为本专著的相关研究工作做出贡献的朋友们。在此，要特别感谢 William Roberts 先生，他出色的研究工作为 SIMR 奠定了微合金钢和热加工研究的基础，大大增加了我们对这些钢各种行为的理解，提高了我们对合金和加工工艺的设计能力。

参 考 文 献

[1.1] Lagneborg R，Siwecki T，Zajac S，Hutchinson B. The role of vanadium in microalloyed steels. Scand. J. Met.，1999(28):186～241.

[1.2] Baker T N. Processes，microstructure and properties of vanadium microalloyed steels. Mater. Sci. Tech.，2009(25):1083～1107.

[1.3] www. Vanitec. org/Publications.

2 合金系和热力学基础

　　微合金化元素的强化作用来自于细小碳氮化物的弥散析出强化、碳氮化物阻止晶粒长大的晶粒细化作用或者是两者综合作用的结果。为使相变前奥氏体晶粒保持尺寸细小，要求碳氮化物粒子在奥氏体中部分不溶或在热轧过程中有析出。为获得细小析出物（即粒子直径 2～5nm）以实现析出强化效果，要求在奥氏体/铁素体相变过程中或相变后能够产生析出。

　　为了获得理想的冶金状态，需要对微合金化元素的碳化物和氮化物的溶解与析出行为有详细的认识和理解。图 2-1 给出了不同微合金化元素碳化物和氮化物的溶解度积，这些数据均取自于最近的热力学评估结果。根据这些溶解度数据可以了解不同微合金化元素所起的作用。尽管是一种简化，但是对于特定用途，每种碳化物和氮化物的溶解度仍为选择微合金化元素指出了明确的方向。可以看到，TiN 非常稳定，在轧制前再加热或焊接的高温条件

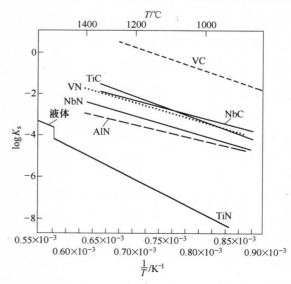

图 2-1　微合金碳化物和氮化物的溶解度

下都不会溶解。铌的碳化物和氮化物溶解度相对较低，可以在轧制过程后期析出。而钒在奥氏体中有相当高的溶解度，即使温度低至1050℃也是如此。由图2-1中还可以看到，氮化物的溶解度比相应的碳化物低得多，对钛和钒来说这种差异尤其明显。

通常，图2-1所示的溶解度关系是一种简化的表达方法。若钢中含有多种与碳、氮有高亲和力的合金元素，将会改变微合金碳、氮化物的溶解度。

2.1 热力学条件

2.1.1 溶解度积的近似表达

如上所述，碳化物和氮化物在奥氏体和铁素体中的溶解度，通常以质量分数表示的微合金化元素和碳、氮的溶解度积来表示。溶解度积与温度之间的关系可用Arrhenius关系式表征，形式如下：

$$\log K_s = \log[M][X] = A - B/T \tag{2-1}$$

式中 　　K_s——平衡常数；

[M]，[X]——分别为微合金元素、碳或氮的固溶量，以质量分数表示；

　　A，B——常数；

　　T——绝对温度。

一些作者努力测得了奥氏体中碳化物、氮化物和碳氮化物的溶解度[2.1]。所有这些结果都以溶解度积的形式表达，然而不同作者提出的结果有时相差很大。分析已发表的VC、VN、NbC、NbN、TiN和AlN的溶解度数据（图2-2），可以发现，每种碳化物/氮化物有多于10种的溶解度方程，它们的分散度相当大，多数情况大于150℃。需要指出的是，当有两种及以上微合金化元素存在且碳氮比改变时，情况会变得更复杂。不同作者[2.2]采用不同方法对碳和氮对碳氮化物形成的影响进行了处理。例如，对于铌微合金化钢，氮可通过改变有效碳浓度为[C + 12/14N]的形式加以考虑[2.3]。

以溶解度积来表达溶解度作了以下假设：微合金元素以及碳、氮的活度系数为常数；将微合金元素处理为稀溶质；忽略体系中溶质间的任何交互作用。因此，单个的溶解度方程只适用于具体的试验成分，而不能用于预测不同成分下的溶解度，尤其是在溶质交互作用很显著的情况下。碳化物和氮化

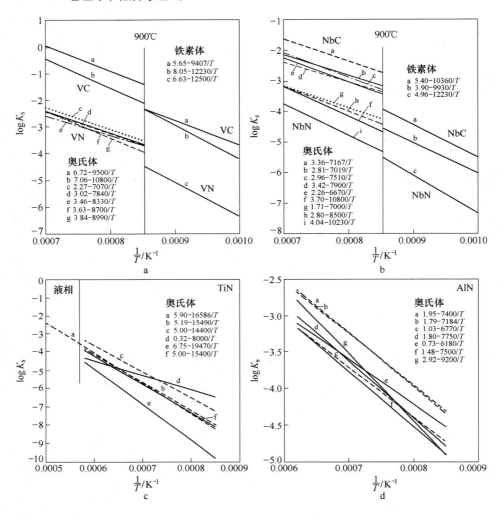

图 2-2 溶解度数据[2.1]

a—VC 和 VN；b—NbC 和 NbN；c—TiN；d—AlN

物是非理想配比的，因此在钢中析出时成分会发生变化。

碳化物和氮化物晶体结构的相似性使它们能够互溶。除 (V, Zr) N 外，其他所有的钛、铌、锆和钒的碳化物和氮化物都表现出连续或无限互溶。由于钒和锆的原子尺寸相差较大，它们的化合物只表现出有限互溶。需要强调的是，铝不同于钒、铌、钛等其他微合金元素，因为在钢中它不形成碳化物，只形成氮化物（AlN），并且具有不同的晶体结构（密排六方）。因此，它与具有 NaCl 型立方晶体结构的钒、铌、钛的碳、氮化物不能互溶。

2.1.2 ThermoCalc 模型

为了精确预测奥氏体/铁素体、碳氮化物间的相平衡，需要建立描述过渡金属和碳、氮在奥氏体和金属碳氮化物中的化学势与成分、温度之间的函数表达式。采用 Wagner 的三元稀溶体的表达式[2.4]或由 Hillert 和 Staffanson 提出的亚点阵-亚规则固溶体模型[2.5]，可以分别描述奥氏体、铁素体和非化学计量比的碳氮化物的热力学性质。如果忽略二次幂项，Wagner 表达式等价于规则固溶体模型。

在 Hillert 和 Staffanson 提出的亚点阵-亚规则固溶体模型中，每个相中的组元 M 的偏吉布斯自由能表达式如下：

$$G_M = RT\ln a_M = RT\ln x_M + {}^E G_M \qquad (2\text{-}2)$$

式中　a_M——活度；

　　$^E G_M$——过剩 Gibbs 自由能。

氮化物和碳化物的实际晶体学结构以双亚点阵结构表达，一个亚点阵由置换原子占据，另一个则由间隙原子占据。大多数间隙位置通常是空的，因此空位必须作为一个附加元素来处理。理论上，间隙固溶体的成分不可能出现所有间隙位置都被占据的情况。以面心立方（fcc）的 VN 为例，由纯钒到 VN 都可以用此固溶体模型描述，纯钒表达为 V_1Va_1，化合物表达为 V_1N_1。已经开发出用于描述微合金钢热力学性质的 ThermoCalc 数据库[2.6]，它包括 HS-LA 钢多组元体系的热化学参数。在 ThermoCalc 方法中[2.7]，合金元素和相的性质是通过它们的热力学性质的数学表达式来描述的，相平衡和完整的相图通过最小吉布斯自由能计算得到。此数据库也可以用于计算亚稳平衡，所需数据可以通过相关的相在其热力学稳定区的热力学性质外推得到。在更高级别系统中，不同原子间的交互作用通过混合参数来描述。

该模型现已成功地用于计算析出驱动力、不同温度下粒子的体积分数和成分。以下是借助于 ThermoCalc 模型对微合金钢合金体系的分析。

2.2 Fe-V-C-N 体系的热力学描述

2.2.1 Fe-V-C 三元系

在 Fe-V-C 三元系中，考虑了如下相（包括一个富钒共晶）：液相、铁素体、奥氏体、VC_{1-x}、V_2C_{1-x}、V_3C_2、σ 相、石墨和亚稳渗碳体。因为碳的缺位[2.8]，V_2C 和 VC 均有明显的均质范围。高温下，碳原子随机分布于间隙亚点阵。已经对 Fe-V-C 体系中 VC 的溶解度进行了广泛的研究[2.9]。试验得到的奥氏体中碳的等活度数据通过三元交互作用参数来描述，其表达式为[2.10]：

$$L_{Fe,V:C}^{fcc} = -(7645.5 + 2.069T)[1 + (y_{Fe} - y_V)] \tag{2-3}$$

2.2.2 Fe-V-N 三元系

　　Fe-V-N 三元系包括两个体心立方相[铁素体(α)，钒(b-V)]、两个面心立方相[奥氏体(γ)，钒的单一氮化物(VN)]、两个密排六方相[氮化铁(ε)，氮化二钒(V_2N)]、液相(L)、$Fe_4N(γ')$和 σ 相，如图 2-3 所示[2.11]。除此之外，在某些平衡中还涉及氮气 N_2。VN 具有 NaCl 型的晶体结构，可以描述为氮完全占据了钒面心立方结构的所有间隙位置。从晶体学的观点看，VN 与奥氏体都是面心立方结构，因此，VN 在奥氏体中的溶解度通过富铁的 fcc 相（即奥氏体）和贫铁的 fcc 相（即 VN）的混溶区间来描述。

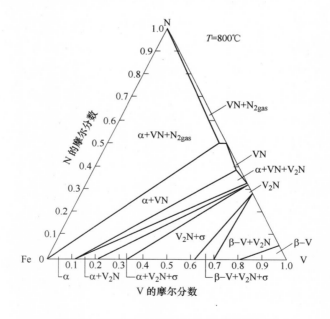

图 2-3　Fe-V-N 三元系 800℃等温截面相图

　　已有几篇关于奥氏体和铁素体中氮的平衡溶解度和氮化物形成的报道[2.12,2.13]。由于在试验温度范围内奥氏体单相区太窄，所以试验仍存在相当的不确定性，难以得到精确的交互作用参数。Ohtani 和 Hillert[2.11] 评估了该体系中液相和 fcc 相三元交互作用参数 $L_{Fe,V;C}$。利用这些参数可以估算 VN 在奥氏体和铁素体中的溶解度积，用公式表示如下：

在奥氏体中：

$$\log[V][N] = -7600/T - 10.34 + 1.8\ln T + 7.2 \times 10^{-5}T \qquad (2\text{-}4)$$

在铁素体中：

$$\log[V][N] = -12500/T + 6.63 - 0.056\ln T + 4.7 \times 10^{-6}T \qquad (2\text{-}5)$$

2.2.3　钒微合金钢中 V(C,N) 的溶解度和成分

图 2-4 示出了钒微合金钢中 V(C,N) 析出的热力学计算结果。在这些计算中，碳、氮、钒与钢中其他元素的交互作用参数取自 SSOL 和 TCFE ThermoCalc 数据库[2.7]。在钒微合金钢中，锰对钒活度的影响尤其重要。已知锰增加钒的活度系数，同时降低碳的活度系数。从图中还可以看到，在不同温度、不同氮含量（从超化学计量比的氮含量到无氮）的条件下，碳氮化物中氮的摩尔分数的变化。由图 2-4b 可见，钒在奥氏体中开始析出时几乎为纯 VN，直到所有氮耗尽为止；当氮趋于耗尽时，析出物有一个向碳氮化物的渐变；富氮的 V(C,N) 会在 γ→α 相变过程中或随后析出。相变期间的析出是由

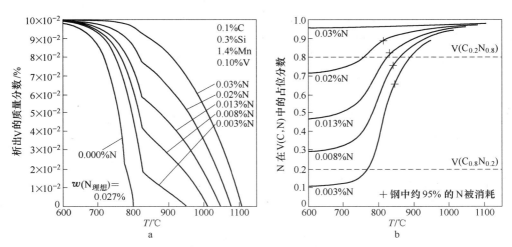

图 2-4　不同氮含量水平下，含 0.1%V 钢中氮化物、富氮的碳氮化物和
碳化物析出的计算结果
a—析出钒的质量分数；b—V（C，N）中氮的占位分数

于在 γ→α 相变过程中碳氮化钒的溶解度大幅下降的结果。在奥氏体中碳化钒的溶解度有一个显著特点，它比其他微合金元素的碳化物和氮化物的溶解度高得多，这意味着碳化钒可以在低温奥氏体区充分溶解。

2.3 Fe-Ti-C-N 体系

图 2-5 给出了含钛微合金钢中 TiN 和 TiC 析出的计算结果。图中还给出了在不同温度、不同氮含量（从超过化学计量比的氮含量到无氮）的条件下，碳氮化物中氮的摩尔分数的变化。钛能形成非常稳定的氮化物 TiN，它在奥氏体中实际上是不溶解的，因此在热加工和焊接过程中可以有效地阻止晶粒长大。要达到此目的，只需加入很少量的钛（约 0.01%）。如果钛含量较高，过量的钛会在较低的温度下以 TiC 的形式析出，起到析出强化作用。这表明钛的碳化物和氮化物的固溶度存在显著差异，在奥氏体中的析出物几乎为纯氮化物，直到所有氮耗尽。值得注意的是，在含钛钢中，为控制奥氏体晶粒长大，加入 0.01% 甚至更少量的钛，通常钢中要有足够的氮与所有的钛结合形成 TiN。当氮要耗尽时，析出物会由氮化物逐渐过渡到混合的碳氮化物，见图 2-5b。

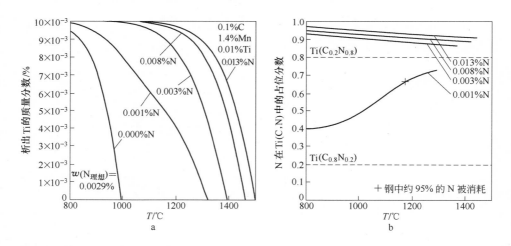

图 2-5 不同氮含量水平下，含 0.01%Ti 钢中氮化物、富氮碳氮化物和
碳化物析出的计算结果

a—析出钛的质量分数；b—Ti(C,N) 中氮的占位分数

钛不但与碳、氮有很强的亲和力，与其他元素，如氧、硫同样有较强的亲和力。在钛微合金化低碳钢中会有 $Ti_4C_2S_2$ 或 TiS 生成，它们在热轧时不变

形[2.14]。由图 2-6 可见，$Ti_4C_2S_2$ 比 MnS 更稳定，通过加钛可抑制钢中 MnS 的形成。从图中还可清晰地看到，钛的硫化物或碳硫化物的形成减少了生成 TiN 和 TiC 的钛量。因此要合理计算微合金碳、氮化物的析出，必须考虑钢中所有元素的影响。

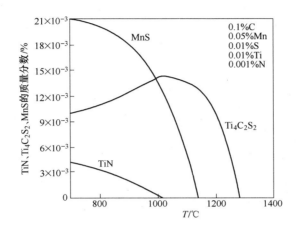

图 2-6 低锰钢中 MnS、$Ti_4C_2S_2$ 和 TiN 析出的计算

2.4 Fe-Nb-C-N 体系

对于铌微合金钢，其碳化物和氮化物的溶解度差异较小，如图 2-7 所示。

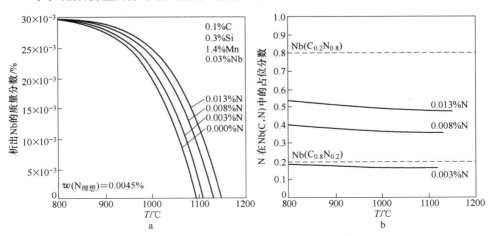

图 2-7 不同氮含量水平下，含 0.03% Nb 钢中碳氮化铌析出的计算结果

a—析出铌的质量分数；b—Nb（C，N）中氮的占位分数

在所有氮含量下，都能形成混合碳氮化物，即使氮含量超过化学计量比时也如此[2.15]。因此，在钢中实际碳、氮含量水平下，不会形成纯的 NbN。

Nb(C,N) 在低温奥氏体中是稳定的，但在更高温度下将会溶解，例如轧制前的再加热过程。在轧制温度下，由于超出了 Nb(C,N) 的溶解度，会产生 Nb(C,N) 的应变诱导析出。在轧后的冷却过程中，变形奥氏体组织转变成细晶粒的铁素体，对这种"控轧钢"的强度和韧性均有贡献。剩余的固溶铌在铁素体中以更加细小的粒子进一步析出，可以产生附加的强化作用。

2.5   复合微合金化钢中析出粒子的化学成分

由于钒、钛、铌的碳化物和氮化物具有相同的立方晶体学结构和非常相似的晶格常数，它们之间表现出很大的互溶性。图 2-8a 示出了钒、钛、铌和铝多元复合微合金钢中碳、氮化物析出的计算结果，这里，溶质组元表达为随温度变化的函数。在图 2-8b 中，还给出了 M(C,N) 中钛、铌、钒的摩尔分数随温度的变化。

正如所预料的那样，在最高温度下，主要析出物是 TiN，随着温度的降低，进一步析出 Nb(C,N)。因此，在奥氏体中主要析出物是复合 (Ti,Nb)N，其中钛、铌的含量取决于钢的成分和析出温度。热力学计算显示，在 1200℃ 的高温下，多元复合微合金化钢中 (Ti,Nb,V)N 析出颗粒约含 20% Nb 和 5% V。

由图中还可清晰地看到，Ti-Nb-V 钢中高温时形成的微合金氮化物的体积分数较单一微合金化钢大得多。还可看到，AlN（密排六方结构）与其他微合金元素的碳、氮化物几乎不能互溶；当钢中含 0.035% Al 时，AlN 约在 1200℃ 开始析出，见图 2-8a。

需要指出的是，热力学计算得到的是第二相粒子的均匀成分，通常与实际情况并不一致。钢中的析出粒子通常是有核心的，反映出富钛和富氮析出物具有高温稳定性，在粒子内部相对富铌，钒富集在粒子表面。这表明那些首先形成的氮化物可以作为随后的低温析出相的核心，如 NbN 沉积在 TiN 核心上。在 Nb-V 钢中也观察到了相似的结果，(Nb,V)N 中富集了铌和氮，与 NbN 具有较高的热力学稳定性相一致。这种核心效应可能是由于钛在碳、氮化物中的扩散非常慢或存在混溶区间（将在第 3 章进一步讨论）所致。

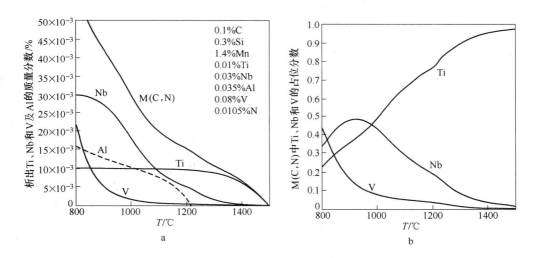

图 2-8　多元复合微合金化钢中氮化物和富氮碳氮化物析出的计算结果

a—析出钛、铌和钒以及铝的质量分数；b—M(C,N)中钛、铌和钒的占位分数

多元复合微合金化的另一个重要特征是，被(Ti,Nb,V)N 粒子结合的铌和钒在随后的热机械加工中不起作用。图 2-8b 表明，即使在很高的再加热温度下，钢中添加的铌有相当一部分仍保持未溶状态，因此不能起到阻止奥氏体再结晶和/或析出强化作用。然而，钒有很高的溶解度，在铁素体中可以充分发挥析出强化作用。

2.6　析出的热力学驱动力

只有存在驱动力的条件下，即在母相和转变产物之间存在自由能差时，析出过程才会以可观察到的速度进行。驱动力决定稳态形核率，如果要计算或者甚至只是估计形核率，必须能够在一定精度下计算驱动力。图 2-9 示出了由 HSLA 数据库计算得到的钒微合金钢中 VN 和 VC 形核的化学驱动力。由图 2-9a 可以看到，随温度下降，驱动力单调增加，在 $\gamma \rightarrow \alpha$ 相变之后其斜率发生变化；由此图还可清楚地看到氮对驱动力的显著影响。

2.7　碳化钒和氮化钒溶解度差异的实际影响

书中讨论的微合金化元素中，钒是最易溶解的，在奥氏体中不易析出。

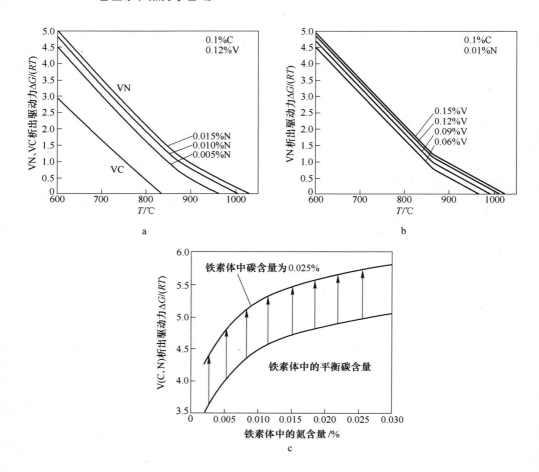

图 2-9   钒微合金化钢 VC 和 VN 析出驱动力（$\Delta G/(RT)$）计算结果

a—0.12%V 钢中 VC 和 VN 析出的化学驱动力；b—0.01%N 钒钢中 VC 和 VN 析出的化学驱动力；

c—650℃平衡态和亚平衡态下，铁素体中碳含量对 V（C，N）析出驱动力的影响

由于 V(C,N) 在奥氏体中有较高的溶解度，因此对热变形工艺几乎没影响，但在冷却过程中会在铁素体中析出，从而通过析出强化提高钢的强度水平。对于像微合金碳氮化物这样的硬粒子，在所有实际条件下，位错都是通过在粒子间弓出而绕过粒子（Orowan 机制），这意味着只有一个参数决定析出强化效果，即粒子间距，间距越小，强化效果越大。

在析出反应中，使粒子间距最小（析出强化效果最大）的决定因素是形核率，因为它决定了粒子的密度。控制形核率的最重要的参数是析出驱动力。

如图 2-9a 所示，氮强烈提高析出驱动力，这是众所周知的氮提高钒微合金化钢强度的原因（全面讨论见第 4 章）。然而需要注意的是，加钒也可以提高析出驱动力，如图 2-9b 所示，但是每单位浓度的钒的作用要小得多，而且加钒会大大增加合金化的费用，而氮在目前条件下却是免费的。

在同一钢种中，钒与其他微合金化元素复合加入可导致它们之间的交互作用，因为它们争夺相同的间隙元素并可以互相形成混合化合物。例如，稳定的 TiN 可以溶入大量的钒，甚至有时在复杂的钛氮化物粒子中测出有 AlN 的存在。由于溶入钒的 (Ti,V)N 粒子容易粗大，这种影响在某种程度上降低了钒的析出强化效果。

2.8 本章小结

（1）V（C，N）在奥氏体和铁素体中的溶解度比其他微合金化元素的碳、氮化物大得多。

（2）碳化钒和氮化钒溶解度相差很大，VN 的溶解度比 VC 小两个数量级。这意味着氮在钒钢中起着决定性作用，尤其是在增加析出驱动力方面。

（3）钒与其他微合金化元素的交互作用导致形成复合碳氮化物，降低了钒在奥氏体中的溶解量。

（4）为精确预测奥氏体/铁素体中碳氮化物的平衡，描述过渡金属、碳和氮在奥氏体、铁素体以及金属碳氮化物中的化学势的表达式，需表示为随成分和温度变化的函数。合金元素间的交互作用显著影响 V(C,N) 的溶解度。

参 考 文 献

[2.1] Gladman T. The physical metallurgy of microalloyed steels. The Institute of Metals，1997.

[2.2] Irvine K J，Pickering F B，Gladman T. Grain-refined C-Mn steels. JISI，1967，205：161 ~ 182.

[2.3] Narita K. Physical chemistry of the group IVa(Ti,Zr)，Va(V,Nb,Ta)and rare earth elements in steel. Trans. ISIJ，1975，15：145 ~ 152.

[2.4] Wagner C. Thermodynamics of alloys. Addison-Wesley Co.，Reading，Mass.，1952.

[2.5] Hillert M，Staffanson J. The regular solution model for stoichiometric phases and ionic melts. Acta Chemica Sc.，1970，24：3618 ~ 3626.

[2.6] Zajac S. Thermodynamic model for the precipitation of carbonitrides in microalloyed steels. Swedish Institute for Metals Research, Report IM-3566, 1998.

[2.7] Sundman B, Jansson B, Andersson J O. Thermo Calc databank system. CALPHAD, 1985, 9: 153 ~ 159.

[2.8] Yvon K, Parthé E. Crystal chemistry of the close-packed transition-metal carbides. Pt1. Crystal structure of the zeta-vanadium niobium and tatanium carbides. Acta Cryst. , 1970, 26: 149 ~ 153.

[2.9] Zupp R R, Stevennon D A. The influence of vanadium on the activity of carbon in the Fe-C-V system at 1000℃, correlation of the influence of substitutional solutes on the activity coefficient of carbon in iron-base system. Trans. AIME, 1966, 236: 1316 ~ 1323.

[2.10] Wriedt H A, Hu H. Chemical metallurgy, a tribute to C. Wagner. , Proc. Symp. Chicago, TSM-AIME, Warrendale, PA(1981):171 ~ 194.

[2.11] Ohtani H, Hillert M. A thermodynamic assessment of the Fe-N-V System. CALPHAD, 1991, 15: 25 ~ 39.

[2.12] Fountain R W, Chipman J. Solubility and precipitation of boron nitride in iron-boron alloy. Trans. AIME, 1962, 224: 599 ~ 606.

[2.13] Koyama S, Ishii T, Narita K. Physical chemistry. J. Japan Inst. Metals, 1973, 37: 191 ~ 195.

[2.14] Yoshinaga N, Ushioda K, Akamatsu S, Akisue O. Precipitation Behaviour of Sulfides in Ti-added Ultra Low-carbon Steels in Austenite. ISIJ Int. , 1994, 34: 24 ~ 32.

[2.15] Zajac S, Jansson B. Thermodynamics of the Fe-Nb-C-N System and the Solubility of Niobium Carbonitrides in Austenite. Metall. Trans. , 1998, 29B: 163 ~ 176.

3 微合金化对奥氏体的影响

在商业含钒微合金化钢中，一般都添加微量的钛（约 0.01%）以阻止高温奥氏体晶粒粗化，其原理是，在钢铸造期间钛已与钢中的氮结合形成细小弥散的稳定 TiN 颗粒。在采用转炉和电炉生产的典型低合金高强度钢板和钢带中，正常的氮含量水平为 0.004% ~ 0.015%，这足以形成这种 TiN 颗粒。然而，为了获得细小弥散的 TiN 质点以有效地阻止晶粒长大，钢水凝固时必须采用快冷工艺，如板坯连铸。对钛的兴趣也在日益增加，因为作为杂质回收，其在钢中的"正常"含量已经增至 $(30 ~ 50) \times 10^{-4}$%。

然而，通过形成复合的（Ti，V）-粒子，TiN 的析出会受到另外添加的微合金化元素如钒的影响。TiN 析出，特别是在与另一种元素形成复合析出的情况下，将显著影响晶粒的粗化行为。对于粒子的析出和溶解，以及它们如何影响热轧前再加热期间晶粒粗化的相当深入的研究已经证实这一点。最近在该领域的一个重要发现是，奥氏体中形成的氮化钒是铁素体的有效成核位置，已经证明，在某些类型的钢产品中，它是一种有效的晶粒细化手段。对于此，V-Ti 微合金化是具有重要意义的，因为在钢加工过程中，V(C,N) 最早是在已存在的 TiN 粒子上形成的。

3.1 微合金碳氮化物在奥氏体中的溶解与析出

众所周知，在含有小于 0.02% Ti 的 Ti-V 和 Ti-Nb 高强度低合金钢中，凝固后的早期弥散析出是细小的 TiN。在较低的温度下，当超过 Nb(C,N) 和 V(C,N) 的溶解度时，大量的实验研究已证明，在很大程度上这些析出相在已形成的 TiN 颗粒上复合析出。当然，在低温奥氏体区，由于碳氮化物的析出驱动力增加，新的富钒或富铌乃至纯钒或铌的碳氮化物形核的可能性也增加。

图 3-1 是利用已有的微合金钢热力学数据对 Ti、Ti-V 和 Ti-Nb 钢的计算结果，显示了在平衡状态下由奥氏体中析出的氮化物中钛、钒、铌的质量分

数[3.1,3.2]。从图中可以看出，对所有三种钢，钛的析出曲线是相同的，因此，可以说在所有三种钢中，氮化物的初始析出和完全溶解温度是相同的。当温度降低时，钒或铌在已析出的 TiN 上复合析出，可以预期，在这些钢中的析出粒子密度也是相等的。当然，由于复合析出，钒钢或铌钢中的单个粒子将长得更大。在更低的温度条件下，钒和铌的碳氮化物将形成新的析出粒子，这种现象已被实验所证实[3.3,3.4]。与这种推理相一致，实验结果已发现，在高温形成的大颗粒粒子富钛而钒或铌较少，而在低温形成的较小粒子贫钛而钒或铌含量较高[3.3,3.4]。图 3-2 显示，在 Ti-V 钢中，(Ti,V)N 中的钛含量随粒子尺寸的减小逐渐降低[3.3]。图 3-3 显示了随加热温度升高，(Ti,V)N 析出相中钒的分散度是如何递减的，与预期的一样，最宽的分散度出现在 220mm 的连铸坯上[3.5]。接近 TiN 理想配比的低氮钢中，由于几乎所有的氮都能与钛结合形成 TiN，因此显示出很小的分散度。从图 3-2 中可以看到，TiN 粒子尺寸很细小，在 5 ~ 100nm 范围内。在 220mm 板坯中，TiN 尺寸分布测量结果表明，其平均粒子直径约为 10nm[3.4]。

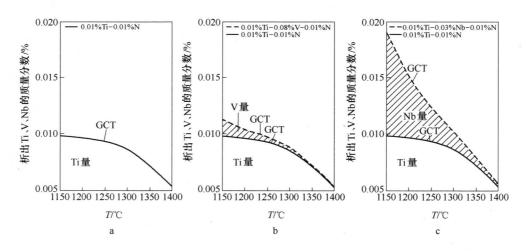

图 3-1   (Ti,M)N 析出相中 Ti、V、Nb 质量分数的计算结果

a—Ti 钢；b—Ti-V 钢；c—Ti-Nb 钢

GCT—由实验测定的 220mm 连铸坯的晶粒粗化温度[2.6]

  一般来说，TiN 本身的稳定性并不受添加的其他微合金化元素（如钒、铌）的影响。然而，单独形成的富钒和富铌的碳氮化物稳定性低，在较低的

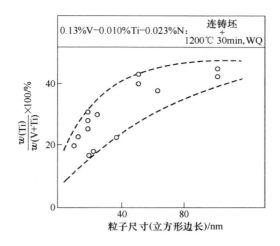

图 3-2 高 V-N 的 Ti-V 钢中，（Ti，V）N 析出相成分与颗粒尺寸之间的关系

（实验钢在实验室冶炼、浇铸，以相当于 220mm 连铸坯的冷速进行冷却[3.3]）

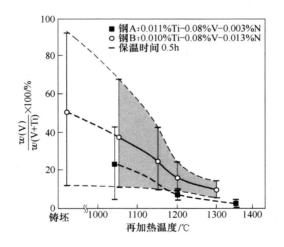

图 3-3 高氮和低氮两种 Ti-V 钢在连铸及不同再加热温度条件下，

（Ti，V）N 析出粒子的成分分散带[3.5]

温度下就能溶解，这点已得到实验证实[3.6]。有时把这种情况说成是 TiN 的稳定性降低，这是不正确的。

图 3-4 给出了不同温度条件下 TiN 在奥氏体中的溶解度曲线。图中结果表明，Ti/N 比以不同形式影响 TiN 的稳定性[3.2]。沿理想化学配比线改变钛、

氮的含量将使其溶解度发生巨大的变化。因此，氮含量超过理想化学配比时，如图 3-4 中所示，将引起如下变化：

（1）提高 TiN 的溶解温度；

（2）温度提高时，TiN 的溶解量相对减少；

（3）奥氏体中，与 TiN 平衡存在的钛含量的减少，降低了粒子粗化速率。

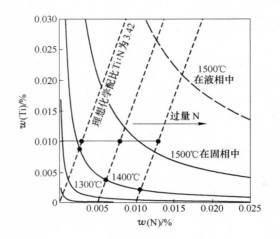

图 3-4　过量氮对溶解钛的影响[3.2]

　　实验结果还证明，Ti-V 钢中超过理想配比的氮含量对焊接热影响区的晶粒尺寸控制有利[3.2,3.7]。

　　在 Ti-V 钢奥氏体中形成的(Ti,V)(C,N)粒子的一个有趣特征是，这些析出颗粒的成分呈现梯度分布，其外层富钒而内部富钛[3.3,3.4,3.6~3.8]，如图 3-5 所示。电镜及显微成分分析表明，在奥氏体中析出的(Ti,V)(C,N)的成分梯度并不总是连续的，富钒的外层普遍表现为树枝状[3.5]。首先，根据钛、钒在冷却时连续析出的观点，这种现象可能是正常的，但其先决条件是(Ti,V)(C,N)中的钛、钒的互扩散要比在奥氏体中的互扩散低得多，否则将有充足的时间使元素分布均匀化。然而，所有报道的难熔碳化物和氮化物的扩散系数差异相当大，如钛在 TiC 中的自扩散比在奥氏体中的自扩散慢 10^{10} 数量级，而铌在(Ti,Nb)C 中的互扩散比在奥氏体中的互扩散仅小 10^3 数量级[3.9,3.10]。这意味着在前一种情况下，(Ti,V)N 在析出过程中形成的成分梯度将被冻结；而在后一种情况下，在正常的工艺条件下将有足够的时间使化学成分达到完全平衡状态。鉴于在目前情况下互扩散是十分重要的这一事实，我们应该充分相信有关(Ti,Nb)C 的报道结果，因此，（Ti，V)-颗粒能够产生均匀化。这就预示着富钒和富钛的碳氮化物可以在平衡状态下共同存在，并由此得出在(Ti,V)(C,N)体系中存在混溶区间的结论。事实上，这正是最近一篇有关 Ti-V-N 系热力学分析的结果[3.11]。不过，我们应该注意，热力学分析时输入数据微小的变化也能导致从完全互溶到不互溶的变化。

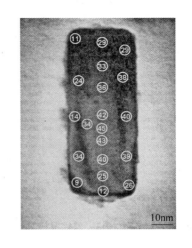

图 3-5 连铸及热变形 Ti-V-N 钢中，(Ti,V)N 析出的 STEM 照片

（数字代表钛含量，以金属原子分数来表征[3.4]）

在最近的对于钛含量小于 0.01% 和正常电炉氮含量的低碳 V-Ti 钢的薄板坯连铸和 CSP 工艺模拟的实验室研究中，发现在连铸过程中没有(Ti,V)N 粒子形成，直到在 1100℃ 的隧道炉保温时才有析出[3.8]。在此阶段，析出物已经表现出成分梯度，表面的钒含量较高，在较低温度下保温较长时间，钒的相对含量增加，在 900℃ 时出现不太明显的最大值。

为了说明奥氏体温度范围内的析出变化与时间、温度的关系，对下列问题进行计算是十分有益的：

（1）钛、氮从初始的全部固溶到完全析出（90%) 的时间；

（2）从 TiN 和奥氏体在 1000℃ 下的完全平衡态到溶解 90% TiN 的时间；

（3）通过粒子合并，最初的析出粒子尺寸增加 50% 的时间。

对于以粒子间距表示的不同粒子弥散度下的溶解和析出规律进行了计算，假定相邻的溶质富集区有接触，计算结果如图 3-6 和图 3-7 所示。

粒子的合并速率和溶解速率主要取决于 TiN 在奥氏体中的溶解度。正如本书第 2 章中说明的那样，已有文献中的溶解度数据分散度相当大。本计算主要选择一些与已观察到的 TiN 的熟化现象相一致的溶解度数据，这些数据略低于所有溶解度数据分散带的平均值[3.5]。

由图 3-6 可以看到，即使在最高的温度下，TiN 也不易溶解。例如，在

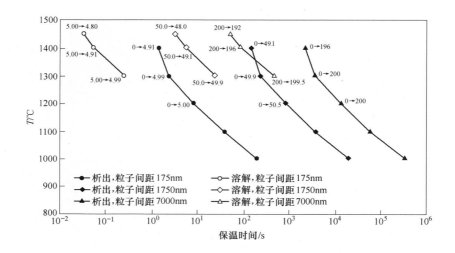

图 3-6   在粒子间距一定时（分别为 175nm、1750nm、7000nm），0.01%
Ti-0.01% N 钢中 TiN 完全析出和溶解（90%）的时间与温度的关系
（析出开始时，钛、氮处于完全固溶状态，而溶解开始于 1000℃下奥氏体与
TiN 的完全平衡状态，数据点上的标注表示粒子半径的变化）

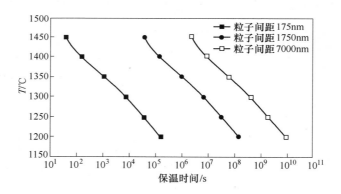

图 3-7   通过粒子合并，初始 TiN 粒子尺寸长大 50% 所需时间与温度的关系
（初始状态为 TiN 完全析出，粒子间距分别为 175nm、1750nm、7000nm）

1450℃时，在 1000℃平衡时的初始尺寸为 5.0nm 的粒子尺寸仅减小到 4.8nm。
TiN 溶解的时间比析出的时间将近快一个数量级（见图 3-6），其原因是 TiN
溶解量远小于 TiN 完全析出的数量。显然，与析出相比，溶解时这一影响比
钛的成分梯度作用更大。图 3-7 所示计算结果进一步表明，对正常的加热温
度和时间来说，粒子合并过程不会使粒子发生显著的粗化，除非粒子十分细

小、弥散，如粒子半径为 5nm，间距为 175nm，且加热温度高于 1300℃。

上述的计算结果说明，在热机械处理钢中，观察到的晶粒粗化温度大约为 1200℃甚至更低，这不能用 TiN 的溶解和熟化来解释，将在后面章节中讨论。由相关计算可知，在钢加工过程中，钒和铌的碳氮化物的熟化也是不明显的，因为尽管它们的溶解度比 TiN 大，但是它们存在的温度范围较低，这意味着相当低的扩散率。

3.2 阻止晶粒长大及晶粒粗化

通常认为，晶粒异常长大与抑制晶粒长大质点的溶解和熟化密切相关。然而钛微合金化钢却不同，因为在大约 1250℃以下，TiN 颗粒仍以弥散形式存在[3.3]。为深入了解这些钢的晶粒粗化行为以及所有与其有关的重要的试验发现，回顾一下晶粒长大的机理及其与钉扎粒子之间的关系是十分必要的。

假设在平均晶粒尺寸为 $\overline{D}$ 的材料中，包含了平均粒子半径为 r、体积分数为 f 的细小弥散粒子，则直径为 D 的单个晶粒的长大速率可表示为[3.12]：

$$\frac{\mathrm{d}D}{\mathrm{d}t} = \alpha\sigma M\left(\frac{1}{\overline{D}} - \frac{1}{D} \pm \frac{3f}{8r}\right) \tag{3-1}$$

式中 α——常数，约等于 1；

σ——晶界能；

M——晶界迁移率；

$\dfrac{3f}{8r}$——表示粒子的钉扎作用。

从式 3-1 可以导出下面的结论：

（1）正常晶粒长大的极限晶粒尺寸为：

$$\overline{D}_{\mathrm{limit}} = \frac{8r}{9f} \tag{3-2}$$

（2）在平均晶粒尺寸为 $\overline{D}_{\mathrm{limit}}$ 的组织中，若存在尺寸大于 $1.5\,\overline{D}_{\mathrm{limit}}$ 的晶粒，它将长大并且长大速度随长大过程而递增。因此，少数几个晶粒以这种方式长大导致异常晶粒粗化。

（3）随 $\overline{D}$ 和 $\dfrac{3f}{8r}$ 增加，异常晶粒长大倾向减小。事实上，存在一个极限平均晶粒尺寸，超过此尺寸时异常晶粒长大将被完全阻止。该极限晶粒尺寸为：

$$\overline{D}_{\text{limit}}^{\text{abnorm}} = \frac{8r}{3f} \qquad (3-3)$$

由此可见，稳定弥散的析出粒子可阻止正常的晶粒长大，但不能保证避免晶粒以异常长大的方式粗化。这正是我们观察到 Ti 钢和 Ti-V 钢的晶粒粗化温度在 1200 ~ 1250℃，但是在此温度范围并未观察到 TiN 的明显溶解和熟化的原因。

试图相信，将钛微合金化钢加热进入奥氏体区，奥氏体发生正常晶粒长大，并达到根据 TiN 弥散析出相所确定（式 3-2）的极限晶粒尺寸。然而，Siwecki 等人[3.4]早期大量的研究结果表明，铁素体-奥氏体相变后得到的奥氏体晶粒尺寸要远大于 $\overline{D}_{\text{limit}}$。这可能是因为，与正常晶粒长大的驱动力不同，铁素体-奥氏体相变的化学驱动力足够大，铁素体-奥氏体界面可以通过弥散分布的析出粒子。根据试验研究还发现，在奥氏体晶粒粗化温度下，尽管 TiN 析出粒子的数量有很大差异，但最终的奥氏体晶粒尺寸基本上是相同的[3.4]。

这一结论的必然结果是，奥氏体晶粒粗化温度应该是通过铁素体-奥氏体相变区时的加热速度的函数。随着加热速度降低，相变后的奥氏体晶粒尺寸增大，因此，发生异常晶粒长大的驱动力减小，晶粒粗化温度提高。这种解释已得到试验结果的证实，见图 3-8。相反，如果晶粒尺寸是由 TiN 弥散析出所控制的，那么，晶粒粗化温度应该与加热速度无关。

图 3-9 示出了 Ti/N 比和铸造冷却速度对晶粒粗化温度的影响[3.2]。实验

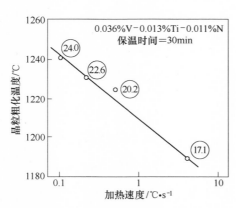

图 3-8 加热速度对 0.036% V-0.013% Ti-0.011% N 钢晶粒粗化温度的影响
（圆圈内数据表示在 GCT 温度小奥氏体晶粒尺寸[3.4]）

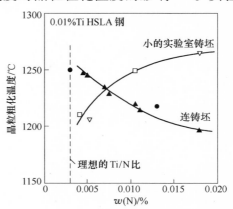

图 3-9 含 0.01% Ti 的 HSLA 钢连铸坯（220mm）和小的实验室铸坯奥氏体晶粒粗化温度与氮含量之间的关系[3.2]

室铸坯由于较大的冷却速度而产生了较细小的析出，而且析出粒子密度随氮含量的升高而增加。连铸坯因冷却速度较慢而形成较粗大的 TiN，并且随氮含量增加，析出温度更高，TiN 进一步粗化。前者由于析出粒子密度的增加阻止了晶粒异常长大，从而使晶粒粗化温度提高。而在连铸坯中由于 TiN 粒子密度降低，产生相反的结果。

再一次假定在异常晶粒长大起作用之前，由弥散析出的 TiN 控制的直至极限晶粒尺寸的正常晶粒长大将决定平均晶粒尺寸，我们注意到，这样将无法解释图 3-9 所示的试验结果。事实上，在控制异常晶粒长大方面，如果式 3-1 中 $1/\overline{D}$ 比 $3f/8r$ 更为关键，那么对实验室铸坯来说，晶粒粗化温度应该随氮含量增加而降低，因为 $\overline{D}_{\text{limit}}$ 随颗粒密度的增加而减小。同理，对连铸坯来说，晶粒粗化温度应提高。

总之，对于含有在 1200℃ 以上仍然稳定的、弥散分布的微合金氮化物的钢，如 V-Ti 钢，在再加热过程中形成的奥氏体晶粒尺寸主要取决于通过铁素体-奥氏体相变区域时的加热速度，而不是弥散分布的析出粒子。由于所形成的奥氏体晶粒尺寸比 $\overline{D}_{\text{limit}}$ 大，所以奥氏体的正常晶粒长大会被完全抑制。另外，这种组织可以通过个别超过晶粒平均尺寸 50% 的晶粒的加速长大而发生异常晶粒长大。因此，细小的基体晶粒尺寸将促进这种异常长大，高密度的弥散分布的析出粒子将起阻碍作用，参照式 3-1。

但应注意的是，在上面所讨论的钢中的 TiN 粒子非常细小。例如，对于小于图 3-8 测定的所有奥氏体晶粒尺寸 $\overline{D}_{\text{limit}}$，对应于 0.01% Ti 的粒子体积含量，且其平均粒子直径为 13nm。这与这些钢中的 TiN 尺寸分布的实际测量结果 8nm 的平均直径也相符合[3.3,3.4]。

焊接过程的加热速度很高，导致铁素体-奥氏体相变形成非常细小的奥氏体晶粒，因此具有很高的异常晶粒长大驱动力。我们还知道，含有细小弥散 TiN 粒子的钛微合金化钢，由于形成细小的奥氏体晶粒，获得了良好的 HAZ 韧性。这种反常现象是因为少数长大晶粒吞并所有细晶而导致异常晶粒尺寸需要很长的时间，而焊接时高温停留时间非常短暂，使得晶粒异常长大过程难以发生。另外，大多数晶粒通过正常晶粒长大而粗化的过程也被阻止，因为这些晶粒虽然比缓慢加热时的更细，但它们仍有可能比正常晶粒长大的极

限尺寸 $\overline{D}_{\text{limit}}$ 更大，因此，最终得到较细的奥氏体组织。上述的理论解释与在钛微合金化钢焊缝的 HAZ 中观察到的细小奥氏体组织是一致的。

图 3-9 中的晶粒粗化温度是 Ti 和 Ti-V 微合金钢的测量结果[3.5,3.13]，它表明，所有结果可以通过钛、氮成分和连铸冷却条件来解释。所以，对于铸态材料来说，在钛钢中添加钒对晶粒粗化温度几乎没有影响。与此相一致，如图 3-1b 所示，与只含钛钢相比，如图 3-1a 所示，V-Ti 钢的晶粒粗化温度仅有一个很小的下降，仅为 12℃。与此相对应，铌钢的晶粒粗化温度明显较低，如图 3-1c 所示，比钛钢低约 40℃。

人们早就知道，热轧钛微合金钢的晶粒粗化温度比铸态低[3.4]。也发现加热次数增加，晶粒粗化抗力下降。这种现象可通过多次加热促使平均晶粒尺寸细化来解释，参见公式 3-1。然而，Roberts 等人[3.4]已明确指出，对 Ti-V 钢热轧态的晶粒粗化温度比铸态低的现象不能单纯地用热轧时的晶粒细化来解释。他们精确设计了一种实验，通过改变奥氏体-铁素体相变时的冷却速度，使得在 GCT 温度下 TiN 弥散度和奥氏体晶粒尺寸基本相同，但钒的碳氮化物析出却有较大的差别。

图 3-10 显示了采用这种方式处理的钢的晶粒粗化温度的测量结果，冷速范围包括从 220mm 连铸坯到 10mm 钢板水淬。所观察到的晶粒粗化温度大约降低 130℃，这不能用晶粒尺寸从 17μm 减小至 11μm 来解释。Roberts 等人认为，钢中产生了 V(C,N) 和 (Ti,V)N 析出粒子的双峰分布，前者在加热时迅速溶解，导致晶粒尺寸分布发生足够的变化，促进了晶粒异常长大，参照前

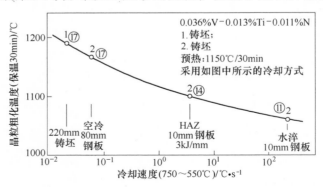

图 3-10　预处理工艺的冷却速度对 0.036% V-0.013% Ti-0.011% N 钢 GCT 的影响

（圆圈内数据表示在 GCT 温度下基体奥氏体晶粒的平均直径[3.4]）

述（2）。它还表明，所观察到的 Ti-Nb、Ti-V、Ti-V-Nb 钢奥氏体晶粒尺寸随加热温度升高缓慢增加，超过仅含钛钢，如图 8-3 所示，这是由于铌和钒的碳氮化物的溶解。

3.3 对再结晶的影响

微合金化元素的最显著特征之一是它们可影响控轧过程中的再结晶，通常有如下两种影响方式：其一是在热变形期间可阻止变形奥氏体再结晶并获得"扁平"的奥氏体晶粒，使奥氏体在相变时转变为细小的铁素体晶粒；另一种方式是尽量减小对再结晶的影响，并使变形奥氏体在多道次变形时可反复再结晶，使奥氏体晶粒逐渐细化，并最终得到细化的铁素体组织。第一种方式适合含铌微合金化结构钢的控制轧制，而第二种方式适合 Ti-V 微合金化结构钢的再结晶控轧（参阅第 5 章）。微合金化元素对再结晶的影响存在很大差异，特别是钒和铌，见图 3-11 所示的 Cuddy 经典曲线[3.14]，它显示了奥氏体再结晶终止温度与在热变形开始时溶解的微合金化元素含量（原子分数）之间的关系。

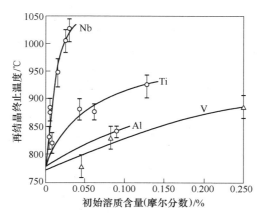

图 3-11   0.07% C-0.25% Si-1.40% Mn 钢中微合金元素
固溶量与再结晶终止温度间的关系[3.14]

微合金化元素提高奥氏体再结晶终止温度的机理一直是微合金化钢发展过程中人们争论的主题，同时对此也做了大量的试验研究工作。人们已提出了溶质拖曳和粒子钉扎[3.15～3.24]的理论。这一领域的许多工作涉及铌对再结晶的强烈的阻碍作用。对于含铌钢，有证据表明，在奥氏体再结晶终止温度，弥散析出的 Nb(C,N)所产生的钉扎力要大于再结晶的驱动力[3.25,3.26]。因此，在发生如此析出物分布的温度-时间制度中，粒子钉扎机制一定是控制机制，因为奥氏体晶界的迁移被完全阻止，溶质拖曳无法起作用。

另外，目前有非常明确的实验证据表明，对于铌微合金钢，在没有 Nb(C,N)析出的条件下（如文献［3.21]），溶质拖曳对再结晶具有相当大的影响。在 1983 年的一项研究中，Andrade 等人[3.27]比较了铌、钒和钼在 900℃和 1000℃时对再结晶的影响。在所有情况下，合金元素处于溶解状态，除了铌钢在 900℃时，在实验过程中发生应变诱导 Nb(C,N)析出。三种微合金钢与普碳钢的对比结果示于表 3-1，令人信服地证明了铌和钼强烈的溶质拖曳作用，尽管后者的作用稍弱。钒显示出一个可测量但非常小的溶质拖曳效应，所以在生产实践中可以忽略。对于铌钢，作者做出重要提示，即使析出发生并最终阻止再结晶，在析出发生之前，铌的溶质拖曳作用对于推迟再结晶可能是必要的。

表 3-1 文献［3.27]中所研究钢的再结晶开始时间（R_s）和结束时间（R_f）

钢 种	1000℃		900℃	
	R_s/s	R_f/s	R_s/s	R_f/s
普碳钢	0.27	7.0	1.9	30
V	0.38	9.0	2.3	35
Mo	1.0	27.0	9.0	200
Nb-Mn	1.9	38.0	90	2800

因此得出结论，当有弥散分布的析出物时，粒子钉扎是控制机制；在没有析出物存在的较高温度下，溶质拖曳可大大地减缓再结晶，但它不能完全阻止再结晶，因为溶质拖曳只能降低晶界迁移，而不是阻止晶界迁移。

目前，我们还无法完全解释为什么微合金化元素的作用会有图 3-11 中如此大的差别。正常的热轧通常发生在 1100～900℃的温度范围，但是控制轧制向下延伸至 800～750℃。对于阻止再结晶，主要关注的是较低的轧制温度。在典型的铌微合金钢中，Nb(C,N)在奥氏体中的析出，包括应变诱导析出，在约 950℃时开始[3.16]；它与较低温度范围的热轧相匹配，因此，粒子钉扎机制可望起作用，特别是对于铌钢控制轧制，参见图 3-11。

对于钒微合金钢，直到大约 850℃才会出现析出，参见图 2-4，因此，粒子钉扎在正常轧制期间根本不起作用，仅在低温控制轧制时才起作用。因此，在粒子钉扎的情况下，至少定性地，钒和铌之间的差异是可以理解的。在较高的温度下，奥氏体中没有析出，在有铌的情况下，由于其强烈的溶质拖曳作用，仍然会有相当大的延迟再结晶的作用[3.21,3.27]。另外，实验结果表明，钒的溶质拖曳作用非常小，在所有生产实际条件下是可以忽略的，见表3-1[3.27]。因此，在高温下，只有溶质拖曳起作用时，铌和钒影响再结晶的显著差异将保持。

3.4 对奥氏体-铁素体相变的影响

影响奥氏体-铁素体相变后铁素体晶粒尺寸的主要参数是奥氏体有效晶界面积（S_V），即晶界面积/单位体积，以及冷却速度。

然而，对于铌微合金钢，已经证明，在相同的 S_V 情况下，从未再结晶的、形变的、扁平的奥氏体晶粒转变成的铁素体晶粒的尺寸要比从再结晶的等轴奥氏体晶粒转变来的铁素体晶粒的尺寸小得多[3.28]。这种差别是因为铁素体在严重变形的奥氏体内的形变带上形核，从而增加铁素体的形核率。但是，对钒钢和钒-钛钢进行相同的实验时，却未发现这种差别[3.29,3.30]，形变的未再结晶奥氏体相变产生的铁素体晶粒尺寸与等轴的再结晶奥氏体相变得到的铁素体晶粒尺寸基本相同，见图3-12。因此可以说，含钒微合金化钢的铁

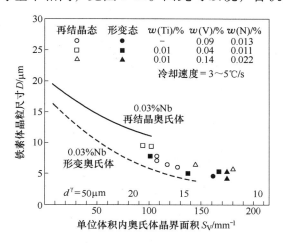

图 3-12 铁素体晶粒尺寸与单位体积内奥氏体界面面积的关系

（数据点表示 Ti-V 钢和 V 钢，曲线表示 Nb 钢[3.28~3.30]）

素体晶粒尺寸与奥氏体晶粒形状和生产工艺方法无关。

正如图 3-12 所示,钒钢处于铌钢的再结晶和未再结晶线中间。一个重要的结论是,只要有效奥氏体晶界面积足够大,钒钢也可以达到与铌钢相同的细化效果,即获得大约 4.0μm 的细小晶粒。

钒-钛钢和钒钢的一个重要而有趣的特征是,加氮可以在奥氏体-铁素体相变时进一步细化铁素体晶粒[3.5,3.31,3.32],图 3-13 指再结晶控制轧制,图 3-14 指正火处理。近十年来,瑞典金属研究所(Swerea KIMAB)收集了大量不同成分的钢相变后的铁素体晶粒与原始奥氏体晶粒及相变时冷却速度之间关系的数据。经过多元回归计算分析,得出以下关于晶粒细化比 D_γ/D_α 的回归方程式:

$$D_\gamma/D_\alpha = 1 + (0.0026 + 0.053\%\,C + 0.006\%\,Mn + 0.009\%\,Nb +$$

$$4.23\%\,V \times N - 0.081\%\,Ti) \times (1.5 + \alpha^{1/2}) \times D_\gamma \qquad (3-4)$$

式中,D_γ 和 D_α 的单位为 μm,冷却速度 α 的单位为℃/s[3.33]。这再次表明钒以及钒与氮复合的强大作用。针对这一晶粒细化的原因,许多研究[3.34~3.37]表明,奥氏体晶粒中的 V(C,N)析出物是铁素体的优先形核位置。这些V(C,N)析出颗粒显示出沿两个互相垂直的方向,即$[001]_{VN}//[011]_\alpha$ 和$[010]_{VN}//[01\bar{1}]_\alpha$,只有 2.1% 的原子错配度。因而在 VN 的边沿,铁素体可以按照 Baker-Nutting 关系得到取向附生式生长。这种现象的一个很漂亮的例子示于图 3-15[3.34]。

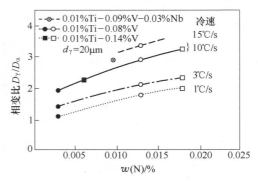

图 3-13 氮对 Ti-V-(Nb)-N 钢奥氏体向铁素体相变过程中

铁素体晶粒细化的影响[3.31]

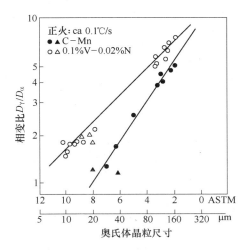

图 3-14   钒和高氮对奥氏体向铁素体相变时多边形铁素体晶粒尺寸细化的作用[3.5,3.32]

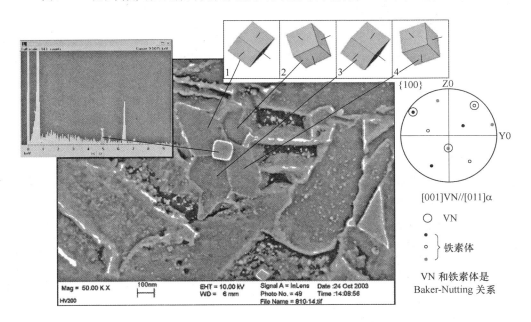

图 3-15   在一个 VN 颗粒上形成四个晶内铁素体晶粒[3.34]

随着氮含量的提高，析出物显示出很强的趋势要在奥氏体中形成纯的 VN，然后随着温度的下降，V(C,N)中的碳含量逐步增加。VN 颗粒析出的优先位置是奥氏体晶界，因此，在奥氏体晶界产生密度高的链状铁素体晶粒。一个有趣的特征是这些铁素体晶粒在结晶学上属于无规则取向，这和不含钒的钢中形成的铁素体晶粒不同[3.35]。这两个特点有利于强度和韧性的提高。

另一种可能的途径是利用奥氏体中的颗粒，在其上 VN 析出物优先形核。正如图 3-16 中的显微照片明确显示的那样，MnS 夹杂起到这种颗粒的作用[3.34,3.36,3.27]。然而，由于许多钢种往往严格要求低硫含量，这一方法在许多情况下用处不大。

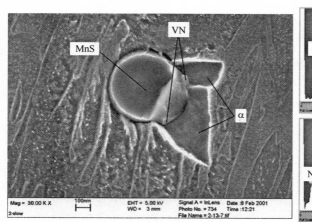
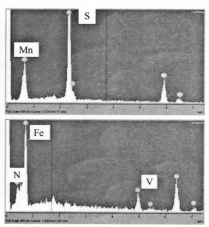

图 3-16   含 0.1% C-0.12% V-0.025% N 的钢中，
晶内铁素体在一个 MnS + VN 复合颗粒上形成[3.34]

在一个综合性的研究中[3.34]，针对微合金重梁钢和厚板钢，利用应变诱导析出 V(C,N)颗粒来获得晶内铁素体细化的效果。研究显示，为了得到完全有效的铁素体形核，要求有高密度的、大于约 10nm 的 VN 颗粒。一种含 0.10% V-0.02% N 的钢在 900℃ 经受 50% 的变形后，以 0.5℃/s 的冷速进行缓慢冷却，得到了高密度的尺寸在 20 ~ 80nm 范围内的 VN 颗粒[3.34]，从而产生了很明显的铁素体晶粒细化效果，晶粒尺寸 4μm，而对比钢的晶粒尺寸则为 12.5μm，见图 3-17。研究也发现，要避免大于 0.03% Al 的高铝含量，因为这么高的铝含量会消耗大部分氮而形成 AlN，从而妨碍 VN 在奥氏体中的形成。

在晶内铁素体形核条件下，铁素体的取向变得更无序[3.37]，而且，粗晶粒的分数下降[3.38,3.8]，这将导致韧-脆断裂转折温度的下降。而且，多项研究已经清楚地表明[3.34,3.38]，由于晶内铁素体在 VN 颗粒上形核，得到很明显的铁素体晶粒细化效果。还应当记住，这种晶内铁素体晶粒细化往往伴随着晶

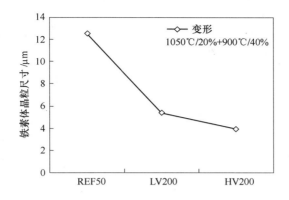

图 3-17 在 900℃变形 40%后，钒钢和碳锰钢的铁素体晶粒尺寸

REF50—0.005% N；LV200—0.05% V-0.020% N；HV200—0.10% V-0.020% N

（预处理包括在 1050℃变形 20%，随后以 0.5℃/s 冷速冷却到 900℃[3.34]）

界铁素体的细化。钒和氮对铁素体形核强烈影响的一个结果是，随着氮或钒含量的提高，在一定的冷速范围内，TTT 和 CCT 转变曲线往较短的时间和较高的温度方向移动[8.3,8.6]，见图 8-9 和图 8-10。

在连铸时即已形成的 TiN 颗粒的界面上，易于复合析出 VN 颗粒，这已是众所周知的事实，参考 3.1 节。应用这一现象来缩短形成铁素体有效形核剂（VN）的时间，似乎更有吸引力，应当在工业生产中得到更广泛的应用。这一想法在无缝钢管生产工艺的实验室模拟试验中得到了成功的验证[3.39]。采用这种方法，可以使铁素体晶粒细化效果比原始奥氏体晶粒尺寸相同的碳锰钢高出 2.5 倍，同时生产过程的时间可大大缩短，见图 7-19。应当指出，所观察到的晶粒细化来自于晶内铁素体和晶界铁素体两个方面，因而显示出 VN-TiN 复合颗粒既可作为晶内铁素体形核体，又可作为晶界铁素体形核体[3.39]。曾经试图将这种铁素体晶粒细化技术应用于薄板坯连铸连轧工艺生产 16mm 厚的热轧带钢[3.8]，然而在此情况下，由于快速的凝固速率，TiN 颗粒很细，90% 小于 10nm，这样小的颗粒，即使界面上有 VN 层，要得到有效的铁素体晶核，可能性也是太小了。

针状铁素体由于其在低合金高强度钢钢板中的应用，自 20 世纪 70 年代以来就具有工业生产的重要性。近来，对这一显微组织的兴趣越来越大，因此今天在这方面已有很多的文献报道[3.40~3.44]。针状铁素体,是指铁素体板条以不同的晶格取向在晶内形核,以致形成互相交错形貌的细晶粒组织,该组织具有高强度和高韧性的特点。针状铁素体形成的温度范围和贝氏体形成的温度范围相同,在400~600℃之间,是一种在夹杂和析出物上有效形核的晶内贝氏体。作为有效形核体的 V(C,N) 颗粒引起人们特殊的兴趣,这是因为在钢的生产过程中,和夹杂及其他析出物相比,较易得到 V(C,N) 颗粒;同时,V(C,N) 颗粒也是已经被确定的多边形铁素体的形核体。

图3-18 中的 CCT 曲线来自于 Capdevilla 等人的研究[3.42~3.44],该曲线针对所研究的两个含 0.25% V 的低碳钢中针状铁素体形成的条件和关键影响因素进行了很好的描述。所研究的两种钢中,其中一个为低氮含量,0.0016% N(图3-18a 和 b),而另一个含 0.018% N(图3-18c 和 d)。说明从贝氏体至针状

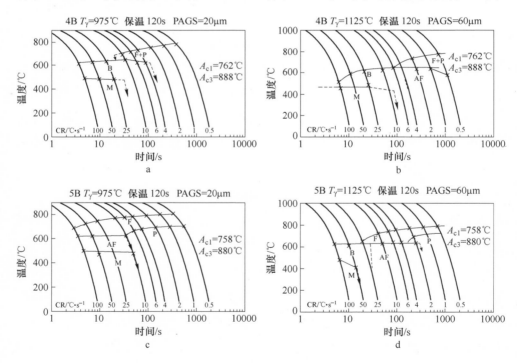

图3-18　CCT 曲线:0.08% C-0.25% V-0.0016% N 钢(a 和 b)

和 0.08% C-0.25% V-0.018% N 钢(c 和 d)

(T_γ 和 PAGS 为奥氏体化温度和原始奥氏体晶粒尺寸;P、F、B 和 AF

分别代表珠光体、先共析铁素体、贝氏体和针状铁素体[3.42])

铁素体变化的一个关键因素是：贝氏体只在奥氏体晶界上形核，而与其相反，针状铁素体主要在奥氏体晶内的析出颗粒上形成。对于细晶粒的奥氏体来说，在低氮钢中贝氏体的形成得到促进，见图 3-18a，这是因为钢中作为针状铁素体的形核体的 V(C,N) 很少，而有大量的奥氏体晶界可作为贝氏体的形核地方。对于高氮钢，见图 3-18c，晶界铁素体的形成得到促进并迅速占据所有晶界，这样就阻碍了贝氏体的形成；在此同时，钢中存在大量的 V(C,N) 颗粒，有利于针状铁素体的形成。对于粗大奥氏体晶粒钢来说，情况有些相似，见图 3-18b 和 d。需特别指出的是，当低氮钢换成高氮钢时，若多边形晶界铁素体区域移至较短时间，针状铁素体的区域也以同样的方法移至较短时间。

从这些 CCT 曲线可以得到一个总体结论，即针状铁素体只能在奥氏体晶界被先共析铁素体占满的情况下才能形成，而贝氏体通常在奥氏体晶界还没有出现铁素体的时候形成。这项研究[3.44]的一个特别重要的结论，即由于钒和氮的复合加入而得到显著的晶粒细化效果。当针状铁素体的晶粒尺寸定义为晶界取向差大于 15°时，在高氮钢中测得的针状铁素体晶粒尺寸为 3.5μm，三倍细于低氮钢。相类似的结果可在文献［3.8］中见到。

在 VN 粒子上延伸形核的铁素体可以发展成为针状铁素体的现象，第一眼看起来觉得奇怪，这是因为，总认为针状铁素体需要和母相奥氏体有一定的取向关系才能生长。针状铁素体生长的取向关系已经确定是在 Kurdjumov-Sachs(KS) 和 Nishiyawa-Wassermann(NW) 两个取向之间的小角度范围内[3.45]。这两个取向可以描述如下：$\{110\}_\alpha//\{111\}_\gamma$ 和 $<111>_\alpha//<110>_\gamma$ 以及 $\{110\}_\alpha//\{111\}_\gamma$ 和 $<110>_\alpha//<112>_\gamma$。这就提出了一个问题，为何铁素体能够同时满足在 VN 粒子上形核和在奥氏体中长大的两种不同条件？然而，当微合金氮化物在奥氏体中析出时，是以一种立方-立方定位进行的[3.46]。铁素体在 VN 粒子上形核的 Baker-Nutting 取向关系和奥氏体中形成铁素体的 Bain（贝因）取向关系是等同的，即 $\{100\}_\alpha//\{100\}_\gamma$ 和 $<011>_\alpha//<001>_\gamma$。虽然 Bain 条件和 KS 或 NW 不完全等同，但它们和 8 个 KS 变式或 4 个 NW 变式只差 8°。这就可能达到相互容纳，特别是在奥氏体经过变形而含有位错亚结构和晶格扭曲的情况下，相互容纳的可能性更大。

　　虽然针状铁素体在析出粒子上形核的证据是很有说服力的，但又一些研究说明析出粒子不是主要的形核体。例如，He 和 Edmonds[3.40] 在一项对含 0.003% ~0.019% N 的钒微合金结构钢的研究中发现，钒含量对针状铁素体的形成有很强的作用，见图 3-19。而他们没有看到析出物或夹杂和针状铁素体的形成之间有任何密切关系。相反，他们提出，由于钒的偏析形成的富钒的集聚可以是晶内铁素体形核的地方。Zajac[3.41] 的观察也说明，除了 V(C,N)析出物外，针状铁素体还有其他的形核体。

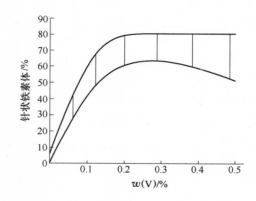

图 3-19　当 γ→α 相变时的冷却速度为 4 ~11℃/s 时，钒微合金化的
0.1% C-1.2% Mn 钢中针状铁素体的体积分数[3.40]

3.5　本章小结

　　（1）钒微合金化钢中通常添加钛以阻止热加工和焊接过程中奥氏体晶粒的过分长大，从而确保最终产品获得细小的组织结构，这是通过控制少量加入的钛、氮含量和连铸后的快速冷却，形成细小且弥散分布的 TiN 粒子来达到这一目的的。由于 TiN 颗粒的高化学稳定性和低溶解度，这类颗粒很难粗化。实际上，即使是最细小的 TiN 颗粒，在 1300℃ 以下温度也不发生粗化。在较高温度下，钒、铌在 TiN 颗粒上复合析出。然而，这不会降低初始 TiN 颗粒在随后的再加热过程中的稳定性。通过原材料回收带来的典型的钛含量，作为杂质其含量已提高至 $(30 ~50) \times 10^{-4}$%，因而钛成为钢微合金化过程中普遍关心的对象。

（2）已经证明，再加热时形成的奥氏体晶粒尺寸主要取决于铁素体-奥氏体的相变过程和相变时的加热速率。铁素体/奥氏体界面通过高密度的 TiN 析出物的化学驱动力足够大，以致在所有正常加热速率条件下，奥氏体晶粒尺寸大于正常晶粒长大的极限晶粒尺寸，因而正常晶粒长大被完全阻止。因此，当存在高密度的 TiN 析出物时，异常晶粒长大是唯一的晶粒长大机制，并且这是一个相当缓慢的过程。在焊接时，加热周期很短，TiN 析出物有效地阻止了所有晶粒的长大。另外，延长加热时间可能由于异常晶粒长大机制而产生某些晶粒粗化，即使加热温度低于 1300℃。当析出物密度较小时，会发生由正常晶粒长大而引起的晶粒粗化，但依赖于析出物的密度，会多多少少被减缓。

（3）钒、铌和钛在热加工时阻碍再结晶的能力有很大差别，这与它们的溶解度不同有关，还与它们产生有效的、影响再结晶的微合金析出物形成的温度区间不同有关，以及与它们产生固溶拖曳力阻碍奥氏体晶界移动的能力大小有关。产生应变诱导 Nb(C,N)析出物的温度区间和铌产生强烈有效的固溶拖曳力的温度区间与控轧的温度区间几乎完美地相匹配；然而，有效的 V(C,N)析出物在低于这个区间的温度产生，同时钒的固溶拖曳力实际上是可以忽略的。

（4）实验证明，采用再结晶控制轧制（RCR）工艺，即在热加工过程中多次反复再结晶，可以在钛-钒钢中得到细小铁素体晶粒，铁素体晶粒尺寸本质上可以和经过严重形变而未再结晶的铌微合金钢奥氏体所产生的铁素体细小晶粒尺寸相比拟。

（5）钒微合金化方面的相对较新的发现是，VN 析出物可以作为铁素体的形核剂，从而得到一种铁素体晶粒细化的新方法。VN 析出物优先在奥氏体晶界析出，因而可相当有效地细化晶界铁素体。晶内析出是缓慢的，但应变或者在 TiN 这样的预先析出的沉淀物上的复合析出可以加快晶内析出。采用上述方法，可能得到细化程度很高的晶内多边形铁素体。一个更新的发现是，V(C,N)促进针状铁素体显微组织的形成。因为已经知道这一组织具有强度和韧性的优良配合，这就为钒微合金化将来的发展带来希望。虽然已经证明，VN 析出物的尺寸要求在 20～80nm 的范围内，才可得到晶内多边形铁素体细化晶粒的完全效果，但同时也已知道，在 VN 颗粒尺寸小于 20nm 的条件下，钒-氮微合金化也可得到明显的晶粒细化效果。因而看起来，VN 可以在较大的尺寸范围内，作为有效的铁素体形核剂。

参 考 文 献

［3.1］ Zajac S. Thermodynamic model for the precipitation of carbonitrides in microalloyed steels. Swedish Institute for Metals Research, Internal Report IM-3566, 1998.

［3.2］ Zajac S, Lagneborg R, Siwecki T. The role of nitrogen in microalloyed steels. Int. Conf. Microalloying'95, Iron and Steel Society Inc. , Pittsburgh, PA, 1995：321～340.

［3.3］ Roberts W. Recent innovations in alloy design and processing of microalloyed steels. Contribution to the 1983 Int. Conf. on Technology and Applications of High Strength Low Alloy (HSLA) Steels, Philadelphia, PA, 1983：67～84.

［3.4］ Siwecki T, Sandberg A, Roberts W. Processing characteristics and properties of Ti-V-N steels. Int. Conf. on Technology and Applications of High Strength Low Alloy (HSLA) Steels, Philadelphia, PA, 1983：619～634.

［3.5］ Zajac S, Siwecki T, Hutchinson W. B, Attlegård M. Recrystallization controlled rolling and accelerated cooling for high strength and toughness in V-Ti-N steels. Metall. Trans. , 1991, 22A：2681～2694.

［3.6］ Lehtinen B, Hansson P. Characterisation of microalloy precipitates in HSLA steels subjected to different weld thermal cycles. Swedish Institute for Metals Research, Internal Report IM-2532, 1989.

［3.7］ Zajac S, Siwecki T, Svensson L-E. The influence of plate production processing route, heat input and nitrogen on the HAZ toughness in Ti-V microalloyed steel. Proc. Conf. on Processing, Microstructure and Properties of Microalloyed and Other Modern Low Alloy Steels, ed. A. J. DeArdo, TMS, Warrendale, PA, 1991：511～523.

［3.8］ Lagneborg R, Eliasson J, Siwecki T, Hutchinson W B, Lindberg F. Ferrite grain refinement by intragranular nucleation on (Ti, V) N and its application on CSP hot strip steels. Research Report KIMAB-2010-128, 2010.

［3.9］ Sarian S. Diffusion of Ti in TiC. J. Appl. Physics, 1969, 40：3515～3520.

［3.10］ Baskin M L, Tretyakov V I, Chaporova I N. W diffusion in monocarbides of W, Ta and Ti in the solid solution TiC WC and TiC WCTaC. Physics of Metals and Metallography, 1962, 14：86～90.

［3.11］ Prikryl M, Kroupa A, Weatherly G C, Subramanian S V. Precipitation behaviour in a medium carbon, Ti-V-N-microalloyed steel. Met. Mat. Trans. , 1996, 27A: 1149 ~ 1165.

[3.12] Hellman P, Hillert M. On the effect of second-phase particles on grain growth. Scand. J. Metallurgy, 1975, 4: 211 ~ 219.

[3.13] Siwecki T, Sandberg A, Roberts W. The influence of processing route and nitrogen content on microstructure development and precipitation hardening in vanadium-microalloyed HSLA steels. Swedish Institute for Metals Research, Internal Report IM-1582, 1981.

[3.14] Cuddy L J. The effect of microalloy concentration on the recrystallization of austenite during hot deformation. Proc. Conf. Thermomechanical Processing of Microalloyed Austenite, TMS-AIME, Warrendale, PA, 1981: 129 ~ 140.

[3.15] Hillert M, Sundman B. A treatment of the solute drag on moving grain boundaries and phase boundaries in binary alloys. Acta Metall. , 1976, 24: 731 ~ 743.

[3.16] Jonas J J, Weiss I. Effect of precipitation on recrystallization in microalloyed steels. Metals Science, 1979, 13: 238 ~ 245.

[3.17] Akben M G, Chandra T, Plassiard P, Jonas J J. Dynamic precipitation and solute hardening in a V microalloyed steel and two Nb steels containing high levels of Mn. Acta Metall. , 1981, 29: 111 ~ 121.

[3.18] Luton M J. Interaction between deformation, recrystallization and precipitation in niobium steels. Metal. Trans. , 1980, 11A: 411 ~ 420.

[3.19] Medina S F, Mancill J E. Influence of alloy elements in solution on static recrystallization kinetics of hot deformed steels. ISIJ Int. , 1996, 36: 1063 ~ 1069.

[3.20] Zurob H S, Brechet Y, Purdy G. A model for the competition of precipitation and recrystallization in deformed austenite. Acta Mater. , 2001, 49: 4183 ~ 4190.

[3.21] Bäcke L. Modeling the effect of solute drag on recovery and recrystallisation during hot deformation of Nb microalloyed steels. ISIJ Int. , 2010, 50: 239 ~ 247.

[3.22] Jones J D, Rothwell A B. Controlled rolling of low-carbon niobium--treated mild steels. Proc. Deformation under Hot Working Conditions, ISI Publication 108, London 1968: 78 ~ 82, 100 ~ 102.

[3.23] Davenport A T, Brossard L C, Miner R E. Precipitation in microalloyed high-strength low-alloy steels. J. Metals, 1975, 27: 21 ~ 27.

[3.24] Davenport A T. Hot Deformation of Austenite, Cincinnati. Proc, Conf. TMS-AIME, 1977: 517 ~ 536.

[3.25] DeArdo A J. Modern thermomechanical processing of microalloyed steel: a physical metallurgy perspective. Proc, Conf. Microalloying'95, Pittsburgh, Iron & Steel Soc. , 1995: 15 ~ 33.

［3.26］ Palmiere E J. Precipitation phenomena in microalloyed steels. Proc. Conf, Microalloying'95, Pittsburgh, Iron & Steel Soc. , 1995: 307 ~ 820.

［3.27］ Andrade H L, Abken M G, Jonas J J. Effect of molybdenum, niobium and vanadium on static recovery and recrystallisation and on solute strengthening in microalloyed steels. Met. Trans. , 1983, 14A: 1967 ~ 1977.

［3.28］ Kozasu I, Ouchi C, Sampei T, Okita T. Hot rolling as a high-temperature thermo-mechanical process. Proc. Conf. Microalloying'75, ed. M. Korchynsky, New York, 1975 : 120 ~ 135.

［3.29］ Siwecki T, Hutchinson W B, Zajac S. Recrystallisation controlled rolling of HSLA steels. Int. Conf. Microalloying '95, Iron and Steel Society Inc. , Pittsburgh, 1995: 197 ~ 212.

［3.30］ Lagneborg R, Roberts W, Sandberg A, Siwecki T. Influence of processing route and nitrogen content on microstructure development and precipitation hardening in V-microalloyed HSLA-steels. Proc. Conf. Thermomechanical Processing of Microalloyed Austenite, Pittsburgh, Met. Soc. AIME, 1981: 163 ~ 194.

［3.31］ Siwecki T, Zajac S. Recrystallization controlled rolling and accelerated cooling of Ti-V-(Nb)-N microalloyed steels. 32nd Mechanical Working and Steel Processing Conf. , Cincinnati, USA, 1990: 441 ~ 451.

［3.32］ Gong S. The influence of vanadium on the austenite-ferrite transformation in microalloyed steels. Swedish Institute for Metals Research, Internal Report IM-1488, 1980.

［3.33］ Hutchinson W B. Microstructure development during cooling of hot rolled steels. Ironmaking and Steelmaking, 2001, 28: 145 ~ 151.

［3.34］ Zajac S, Medina S F, Schwinn V. Grain refinement by intragranular ferrite nucleation on precipitates in microalloyed steels. ECSC Final report, EUR 22451EN, 2007.

［3.35］ Cho J-Y, Suh D-W, Kang J-H, Lee H-C. Orientation distribution of proeutectoid ferrite nucleated at prior austenite grain boundaries in vanadium-added steel. ISIJ Int. , 2002, 42: 1321 ~ 1323.

［3.36］ Furuhara T, Yamagushi J, Sugita N, Miyamoto G, Maki T. Nucleation of proeutectoid ferrite on complex precipitates in austenite. ISIJ Int. , 2003, 43: 1630 ~ 1639.

［3.37］ Furuhara T, Shinyoshi T, Miyamoto G, Yamagushi J, Sugita N, Kimura N, Takemura N, Maki T. Multiphase crystallography in the nucleation of intragranular ferrite on MnS + V(C, N)complex precipitate in austenite. ISIJ Int. , 2003, 43: 2028 ~ 2037.

［3.38］ Hernandez D, Lopez B, Rodriguez-Ibabe J M. Intragranular ferrite nucleation in V microalloyed structural steels. International Symposium on Microalloyed Steels(in conjunction with the

ASM Materials Solutions Conference), Columbus, OH, 2002: 64 ~70.

[3.39] Zajac S, Hutchinson W B, Lagneborg R, Korchynsky M. Ferrite grain refinement in seam-less pipes through intragranular nucleation on VN. Proc. 3rd Int. Conf. on Thermomechanical Processing of Steels, 2008, Padua, Italy.

[3.40] He K, Edmonds D V. Formation of acicular ferrite and influence of vanadium alloying. Mat. Sci. and Techn. , 2002, 18: 289 ~295.

[3.41] Zajac S. Ferrite grain refinement and precipitation strengthening in V microalloyed steels. Proc. 43rd Metal Working and Sheet Processing Conf. , ISS, 2001, 39: 497 ~508.

[3.42] Garcia-Mateo C, Capdevilla C, Caballero F G, Garcia de Andrés C. Influence of V precipi-tates on acicular ferrite transformation, Part 1: The role of nitrogen. ISIJ Int. , 2008, 48: 1270 ~1275.

[3.43] Garcia-Mateo C, Capdevilla C, Caballero F G, Garcia de Andrés C. Influence of V precipi-tates on acicular ferrite transformation, Part 2: The role of nitrogen. ISIJ Int. , 2008, 48: 1276 ~1279.

[3.44] Capdevilla C, Garcia-Mateo C, Chao J, Caballero G. Effects of V and N precipitation on ac-icular ferrite formation in sulphur-lean vanadium steels. Met. and Mat. Trans. , 2009, 40A: 522 ~538.

[3.45] Kluken A O, Grong Ö, Hjelen J. The origin of transformation textures in steel weld metals containing acicular ferrite. Met. Trans. , 1991, 22A: 657 ~663.

[3.46] Ringer S P, Easterling K M. On the rotation of precipitate particles. Acta Met. and Mater. , 1992, 40: 275 ~283.

4 铁素体中的析出

能起有效强化作用的 V(C,N) 是在 γ→α 相变的最后阶段在铁素体中析出的。在平衡条件下，特别是在钢中钒和氮含量都较高时，钢中将有一小部分钒在奥氏体中析出，然而，V(C,N) 在奥氏体中形成的动力学过程非常缓慢。实际上，对于正常成分的钢，在高于 1000℃ 终轧时，几乎所有的钒都将在铁素体中析出。一些固溶态的钒在控轧过程中通过形变诱导以 V(C,N) 形式析出，或者在 Ti-V 微合金钢的铸造和再加热过程中形成 (Ti,V)N 粒子，这已在第 3 章中讨论过。

与其他微合金化元素相比，钒有较高的溶解度，在奥氏体区的加工范围内更容易处于固溶状态。因此，对于主要依靠析出强化来提高强度的钢种，钒是最佳选择。而且，来自钢厂的经验表明，VN 的强化效果是非常稳定和可靠的。

V(C,N) 可以随着 γ/α 界面的移动在铁素体内随机析出，即为一般析出，或者平行于 γ/α 界面，以一定的间距形成层状分布的相间析出。大量的研究表明，对于典型结构钢，一般析出产生于较低温度区域，通常低于 700℃，而相间析出在较高温度形成。

电子显微镜的研究结果表明，V(C,N) 也可以在珠光体的铁素体中析出[4.1]。由于珠光体的转变温度较低，这类析出物通常更细小，不仅发生一般析出，也有相间析出。当冷速较低或在 γ→α 相变区的高温段保温时，有时可观察到纤维状形貌的 V(C,N)，这种析出物的典型特征是纤维束与 γ/α 界面垂直，但这种情况很少发生，不是主要的析出方式。鉴于纤维状 V(C,N) 的析出在钢中很少发生，本章不对此进行深入讨论。

4.1 相间析出

相间析出已经在含有强碳化物或氮化物形成元素如钒、铌、钛、钼、铬、钨和它们复合添加的钢中观察到[4.2~4.12]。图 4-1 显示出具有不同的氮和碳含量的含 0.12% V 的微合金钢中 V(C,N)相间析出的典型形貌[4.13]。可见，这种结构包含稠密 V(C,N)颗粒的平行片层，这些片层显示了相当规则的层间间距。Honeycombe 及其同事的早期工作通过仔细的电子显微镜研究，已经澄清生长的铁素体/相间析出前沿的形貌[4.4,4.5]。

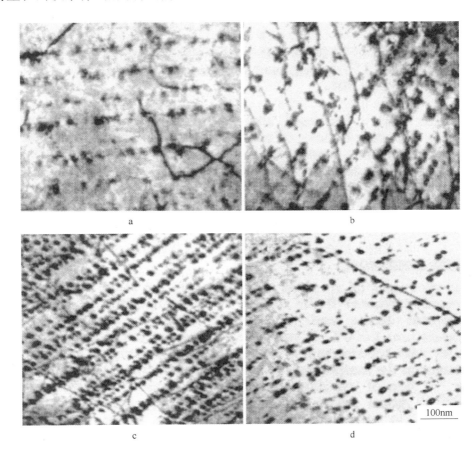

图 4-1　电镜照片，显示出 750℃等温 500s 时，氮含量对

0.10% C-0.13% V 钢中相间析出层间间距和 V(C,N)析出相密度的影响

a—0.0051% N；b—0.0082% N；c—0.0257% N；d—0.0095% N-0.04% C[4.13]

他们证明，向前推进的前沿呈阶梯状，示意图见图 4-2。铁素体长大完全是通过台阶（阶梯的竖板）的侧向迁移，而析出粒子的形核和初期生长发生在固定的水平 γ/α 界面处（阶梯的踏板）。最初，这些界面被认为是半共格的 $\{111\}_\gamma/\{110\}_\alpha$ 平面，但现在知道，它们也可以是弯曲的和非共格的[4.6,4.10]。

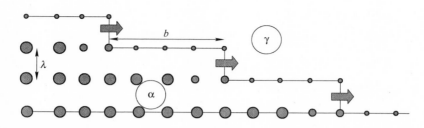

图 4-2　铁素体/相间析出通过沿着粒子层的台阶迁移和重复形成
新的台阶及粒子层向前推进示意图

在较高的相变温度（约 800℃）下，对于典型成分的钒微合金化结构钢，相间析出的层间间距分布不规则，且析出粒子层常呈弯曲状。随着温度的下降，其析出粒子层将趋于规则分布，成为平直状，如图 4-1 所示。从大约 700℃开始，出现不完全的相间析出。随着温度的下降，从 γ/α 相变后的过饱和铁素体中随机析出将逐渐占据主要地位。

相间析出的特征之一是温度越低析出相越细，这已得到许多研究结果的证实[3.2,4.13]。图 4-3 给出的 0.12% C-0.12% V 钢中析出相层间间距的结果就证实了这一点。随着温度降低，析出物的层间间距和颗粒尺寸减小。图 4-1、图 4-3b 中的结果还表明，钢中氮含量对层间间距也有很大影响。750℃时，钢中氮含量由 0.005% 提高至 0.026%，析出相的层间间距缩小至原来的 1/3。

V(C,N) 具有面心立方结构，在铁素体中以半共格的圆盘形式析出，其位向关系为 $(001)_\alpha//(001)_{V(C,N)}$、$(110)_\alpha//(100)_{V(C,N)}$，这是由 Baker 和 Nutting 首先确定的[4.14]，这些圆盘平行于 $(110)_\alpha$ 面。大量的电镜研究结果表明，相间析出的 V(C,N) 呈现出 B-N 位向关系三种可能中的某一种[4.15]。这种晶体学上的选择有两种解释[4.16~4.18]。当铁素体和奥氏体的位向符合 K-S 关系时，$(111)_\gamma//(110)_\alpha$，V(C,N) 的析出将选择与 γ、α 和 V(C,N) 三相的密排面相平行，此时 V(C,N) 的形核自由能最小。当奥氏体和铁素体之间没有特定的晶体学取向关系时，如非共格关系，V(C,N) 的析出将会尽可能使圆盘面靠近 γ/α 相界，从而使自由能最小化。由此可见，V(C,N) 的析出选择 B-N 取向关系中的某一种，从另一方面证明了相间析出是在 γ/α 相界形核。

在这类钢中，V(C,N) 析出的一个重要特征是，在同一个试样中，甚至同

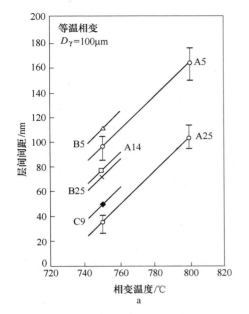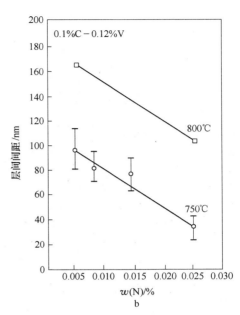

图 4-3 相变温度（a）和氮含量（b）对 V(C,N)相间析出的层间间距的影响[4.13]

B5—0.10%C-0.12%V-0.0056%N；A5—0.10%C-0.12%V-0.0051%N；

A14—0.10%C-0.12%V-0.014%N；B25—0.10%C-0.06%V-0.025%N；

C9—0.04%C-0.12%V-0.0095%N；A25—0.10%C-0.12%V-0.026%N

一晶粒内，析出模式多种多样。在许多研究中都观察到了这种特征，只有 Smith 和 Dunne 特别强调了这一点[4.15]。不仅相间析出有各种不同模式，而且一般析出也可在高温和低温下发生，并且通常与相间析出出现在同一晶粒内。他们还发现，在 820℃的较高相变温度下，一般析出也会产生三种 Baker-Nutting 晶体学位向关系的变化，对于这种异常现象的解释是，先形成的铁素体长大速度过快，抑制了相间析出的发生，导致铁素体过饱和而发生随后的一般析出[4.15]。

4.2 相间析出机制

如上所述的向前推进的铁素体/相间析出前沿的阶梯形貌似乎已经得到普遍认同[4.4~4.8,4.10]，如图 4-2 所示。在此图中没有包括的是阶梯中形成新的"阶梯踏板和竖板"的机制。本书作者认为，这样的新台阶是在最上层的台阶上形成的，而且是在移动台架稍后的后面，通过 γ/α 界面拱起而形成的，在此界面上有足够稀少分布的析出物。拱起弯曲向外，同时形成两个新台架，并在下面一层的析出物面上向旁边运动。在剩下的释放的拱起部位的上部，当它移动了一个临界距离，即相当于析出物的层间间距时，新的析出物形成。从而，一个新的析出物层已经形成，然后这一过程不断重复。对照图4-2，这样两个拱起的间距将和踏板的长度 b 相同。

按照这一机制，很有趣的是，针对较大范围的不同析出物层间间距 λ，对阶梯形貌中的这些踏板的长度（图4-2中的 b）进行了的测定[4.8]。测定得到的这两个变量的明显的线性关系说明，台架距(b)大约为析出物层间间距的4倍。这也意味着，总的铁素体长大速率 v 和台架速率 v^L 之间有着简单的线性关系：

$$v = v^L(\lambda/b) \tag{4-1}$$

总体来说，由于 λ 和 b 二者都是析出物密度的表达项，式4-1是一个符合逻辑的结果。当影响析出的不同参数发生变化时，这两个参数将随之成比例地变化。至目前为止，发现的上述过程的主要缺点是，它不能解释观察到的析出物层间间距与温度及钢的成分，如钒、氮和碳的肯定的依赖关系。

Lagneborg 和 Zajac[4.7]针对上面描述的铁素体/析出物的形成和长大，曾给出一个定量的解析。图4-4 表明他们是怎样解释相间析出的。从一个完成

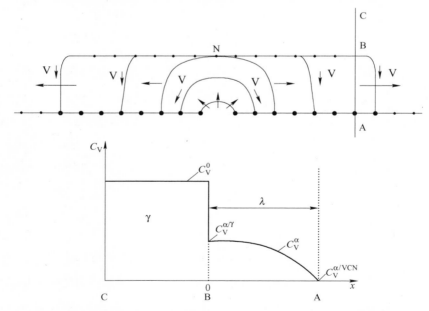

图4-4　上图表示 γ/α 界面拱起，往旁边扩张，并最后达到有足够钒的材料处，
产生新的析出物的形核，图中示出钒通过边界扩散至下一排析出物；
下图表示在横截面上的钒含量浓度曲线[4.7]

的析出面，通过在有稀少分布的析出物的局部的 γ/α 界面拱起，并进一步前进到一个新的位置上，在那里将进行新的一排析出物的形核，其后就发生新一排析出物的横向扩展，而这又是由于两个 γ/α 界面相接的上台架沿着下一排颗粒的移动的结果。在这一温度范围，奥氏体-铁素体的相变被碳在奥氏体中的扩散所控制，同时保持界面上局部的平衡。当拱起在两个 V(C,N) 析出物之间形成时，钒将从前进的 γ/α 界面上流向第一排的正在长大的析出物。随着扩散距离的增大，界面上钒的浓度将升高，即从相当于 V(C,N) 和铁素体之间的平衡浓度的较低值 $C_V^{\alpha/VCN}$，增大到一个足够高的浓度 C_V^{α/γ^*}，使得 V(C,N) 能够形核。

由上面的描述可以看出，钒的重新分布速率必需与碳扩散控制的铁素体长大速率相匹配。作为逻辑推理，该模型显示钒的体积扩散太慢，不足以解释观察到的 V(C,N) 的层间间距[4.7]。因而得到的结论是，通过在前进的 γ/α 界面上的边界扩散，钒的再分布速率要快得多。关于图 4-4 中钒的浓度曲线，更为明确的说明是，台架移动的速率和高于上述曲线 A 点和 B 点之间浓度的钒的去除并转移至下一排析出物，必须在每一瞬间相互准确地匹配。在一个移动的上台架的这一类的边界扩散已经在以前的工作中得到分析[4.19,4.20]。将这一分析运用到当前的例子，可以得到在图 4-4 的台架中钒的浓度梯度的表达式：

$$\frac{C_V^\alpha - C_V^0}{C_V^{\alpha/VCN} - C_V^0} = \frac{\cosh(x\sqrt{a}/2\lambda)}{\cosh(\sqrt{a}/2)} \tag{4-2}$$

式中的符号 C_V^α、C_V^0、$C_V^{\alpha/VCN}$、x 和 λ 的意义见图 4-4。还有：

$$a = \frac{4v^L\lambda^2}{(D\delta)^{boundary}} \tag{4-3}$$

式中，v^L 是 γ/α 界面上台架的速率，$(D\delta)^{boundary}$ 是钒在界面上的扩散系数。当 $x=0$ 时，该表达式给出上台架上端的铁素体中钒的含量 $C_V^{\alpha/\gamma}$，并当该含量达到 V(C,N) 形核的临界值 C_V^{α/γ^*} 时，我们得到以下层间间距的条件：

$$\frac{C_V^0 - C_V^{\alpha/\gamma^*}}{C_V^0 - C_V^{\alpha/VCN}} = \frac{1}{\cosh(\sqrt{a}/2)} \tag{4-4}$$

要计算 C_V^{α/γ^*}，请参考本章文献 [4.7]。

根据 Honeycombe 等人早期对相间析出的观察结果，现有的模型假设 V(C,N) 析出产生在半共格的 $\{111\}_\gamma/\{110\}_\alpha$ 界面上[4.4,4.5]，参考图 4-2 和图 4-4。这表明，在图 4-4 中的上图中，与在非共格台架中的扩散相比，在水平的半共格的界面上钒的边界扩散可以忽略。因而如上所述，我们只需要考虑台架扩散中往下一析出面的扩散，而不考虑往上一个析出面的扩散。然而如前所述，相间析出也可能发生在非共格的 γ/α 界面上。在此情况下，很明显，钒的扩散既能往下一析出面，也能往上一析出面。这一相间析出模型在文献 [4.7，4.21] 中得到详细分析，并且也发现在此情况下的层间间距与温度和合金成分的关系，并按照公式 4-4 进行了估算。

上述界定的模型的推论是，在踏板上形核的 V(C,N) 析出物在此阶段的长大将是有限的，这是由于此时进入踏板 γ/α 界面的钒的来源只靠很慢的体扩散。只有进入下一阶段，即当踏板上的台架通过析出物时，由于在移动台架的 γ/α 界面的钒的快速边界扩散才有大量的钒供给颗粒。这意味着，只能在第二阶段，当踏板上的微小颗粒已被台架通过，析出物能够长大到电子显微镜能容易观察到的尺寸。实际上，在 Honeycombe 等人早期的电子显微图片中能观察到两阶段之间析出物尺寸的差别[4.4,4.5]。在图 4-2 中这些析出物尺寸的差别都有所标明。

针对一些钒微合金化钢，计算出的层间间距与温度的关系示于图 4-5 和

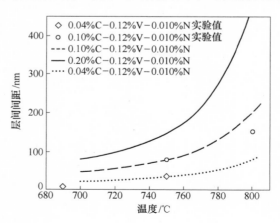

图 4-5   三种不同碳含量水平（0.04% 、0.10% 和 0.20% ）的
0.12% V-0.10% N 钢，层间间距随温度变化的计算结果
（作为比较，图中示出文献 [4.13] 的实验数据）

图4-6中，图中三条曲线也示出其与钢的碳含量（图4-5）以及与钒含量（图4-6）的关系。与氮含量的关系示于图4-7。实验数据被插入这三个图中。可以看到，观察值和测量值之间吻合得相当好。特别要注意到的事实是，该理论不含调节参数。但在低温时，和温度的关系是个例外，见图4-5。750℃至700℃时观察到的数据和计算数据的相对差别要比800℃至750℃时大得多。如文献［4.7］建议的那样，可以通过以下事实得到解释：移动的 γ/α 界面上的局部平衡在此温度范围内不能保持下去，情况变成一个界面上钒含量不变的准平衡。

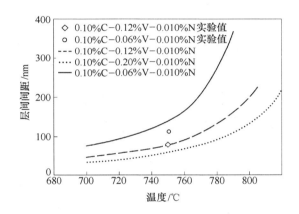

图4-6　三种不同钒含量（0.06%、0.12%和0.20%）的
0.10% C-0.010% N 钢，层间间距随温度变化的计算结果

（作为比较，图中示出文献［4.13］的实验数据）

层间间距随温度下降而减小，说明相间析出机制最终结束在温度低于700℃以下的某一温度。根据这个模型，这种变化的基本原因是，相对于移动的界面上 V(C,N)形核和长大所需的钒的扩散速度，γ/α 界面移动速度变得太快。这相对于 V(C,N)来说，铁素体变成过饱和状态，从而，当 γ/α 界面通过以后，铁素体中产生一般析出。

相类似的情况是，当温度更高时，C_V^{α/γ^*} 达到 C_V^0，V(C,N)不能在移动的 γ/α 界面上形成，将失去相间析出的条件。

观察到的和计算的碳、钒和氮含量对层间间距的影响，从公式4-4已得到很好的理解。随着碳含量增加而增大的层间间距是由于铁素体长大速率的同时

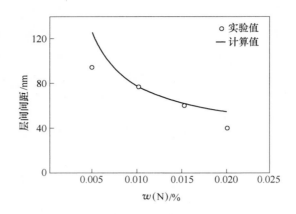

图 4-7　在 0.10% C-0.12% V 钢中，层间间距与

氮含量的关系的计算值和观察值之比较

（作为比较，图中示出文献［4.13］的实验数据）

下降而引起的，见公式 4-4。钒的作用可以从物理学的角度来考虑，即在低钒含量时，界面必需继续前进以贮备必要的钒含量，使 V(C,N) 得以在界面上形核。图 4-7 所示的增加少量氮带来显著的降低作用，是因为当钒含量较低而氮含量增高时，达到了在 γ/α 界面上 V(C,N) 形核所需要的化学驱动力，参照图 2-10。

　　这个模型的一个重要特点是它可以解释一个观察结果，即相间析出很少单独存在，通常与一般析出在同一晶粒中同时发生。这一现象与相变过程中铁素体长大速率变化很大有关系，一开始速率很大，然后逐步下降，这意味着相变开始时铁素体长大速率太高，以致相间析出只能在后来产生。文献［4.7］的估计显示，在 750℃ 退火的 0.10% C-0.12% V 钢，只有 40% 的体积被有明确定义的相间析出所占据。

　　上述模型近来被 Okamoto 和 Ågren[4.8] 进一步发展，他们将固溶拖拽力对台架速率的作用引入模型。已经表明，这对铌微合金化对降低被碳扩散控制的台架速率有很大影响。基于钒对固溶拖拽影响再结晶的作用很小的这一事实[3.27]，参照 3.3 节，看来钒对 γ/α 界面的移动能力只有很小的影响。

4.3　一般析出

　　对于典型成分的钒微合金化钢（0.10% C-0.10% V），V(C,N) 的一般析出发生在700℃以下的一个温度范围内。如前所述，利用溶质消耗模型，可以很好地预测这种从相间析出到一般析出的转变[4.7]。我们还知道，高于此温度也可以局部发生一般析出。如何理解这一现象也已讨论过。

　　试验已很好地证明，无论是在铁素体中，还是在奥氏体中，VN的溶解度都要比VC低得多。其热力学含义是，VN的形成具有更大的化学驱动力。只要基体内有足够的氮存在，这种更大的化学驱动力将使得在铁素体或奥氏体内都优先析出富氮的V(C,N)，热力学分析[4.22]和实验结果[4.22,4.23]都证明了这一点。只有当氮含量低于约0.005%时，初始的V(C,N)才开始增加它的碳含量，如图4-8所示。

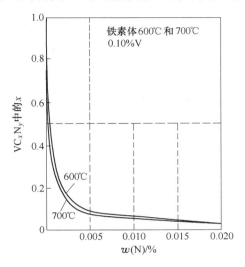

图4-8　在铁素体中析出时，VC$_x$N$_y$成分随固溶氮含量变化的热力学计算结果[4.22]

　　一个学术上非常重要的发现是，钢中增加氮含量会使析出颗粒尺寸大幅度减小，如图4-9所示[4.13]。与此同时，析出颗粒密度提高，但在定量测量上存在一定难度，见图4-10。这些作用得通过富氮V(C,N)具有较大的化学析出驱动力，导致形核率增加来解释。在图4-9中的试验温度和保温时间下，铁素体相对于V(C,N)仍处于过饱和状态，因此，高、低氮钢中观察到的析出相长大的差别不能用析出相合并上的差异来解释。实际上应解释为，高氮钢中形核密度较高，导致贫钒区较早地接触，进而降低了析出相长大速率。这种推理由图4-11中插入的析出相长大的计算曲线得到证实，在计算中假设溶质消耗区域不相互接触。很明显，这个计算结果能很好地解释析出相密度较小的低氮钢中的颗粒长大，而对高氮钢，由于这种溶质消耗区相互接触的影响，颗粒长大速率不到低氮钢的一半。与初始溶质含量一半对应的溶质消耗区的尺寸是没有相互接触方式长大的颗粒尺寸的2倍。根据图4-11中的计算结果，在650℃时效500s之后，溶质消耗区的直径为23nm。与图4-10中照片的析出相密度对比，可清楚地看出，在高氮钢中，早在时效至500s之前，溶

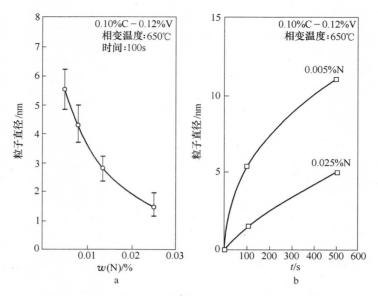

图 4-9   650℃ 相变后，V(C,N)析出粒子的长大[4.13]

a—随钢中氮含量的变化；b—随保温时间的变化

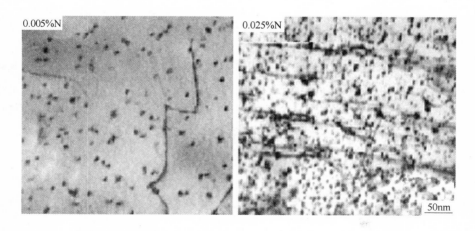

图 4-10   电镜照片，显示在 650℃ 保温 500s 的等温相变过程中，

氮对 V(C,N) 析出相密度的影响

质消耗区就已发生了相互接触；然而在低氮钢中，这种情况几乎还没有开始。

钒微合金化钢的大量研究已表明，尽管有大量的钒与溶解在铁素体中的碳相结合，但观察到的析出强化似乎只来源于富氮的 V(C,N)。这种行为的一般解释是，当首先形成的富氮析出相实际上消耗了所有的氮时，进而形成富碳的

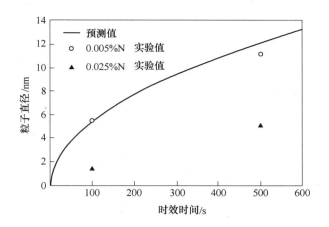

图 4-11 650℃时，由钒扩散控制的 V(C,N)长大的计算结果，

在两个氮含量水平上与实验值对比

（不考虑相邻粒子之间的接触）

V(C,N)的化学驱动力太小，不能促使大量的析出发生，因而观察不到进一步的强化。然而，这是一个复杂的问题，最近的研究表明，在一定条件下，钢中碳含量可以明显增加析出强化效果。这个问题将在下一节进行讨论。

4.4 析出对强度的影响

与其他微合金化元素不同，结构钢正常含量的钒能在相对低的温度下溶入奥氏体，从而当钢冷却至铁素体区域时，能全部地参与析出强化。因此，钒通常是析出强化作用优先考虑的元素。钢中添加 0.10% V 时，能产生 250MPa 以上的强度增量，在特殊情况下甚至能达到 300MPa。Roberts 等人[4.24]的一个早期工作评估了在减去诸如晶粒尺寸的影响后，析出强化对屈服强度的贡献（ΔR_p），如图 4-12 和图 4-13 所示，这些图显示了钒钢的另一个重要特征，即少量的氮明显提高析出强化效果。类似地，增大通过 γ/α 相变区域的冷却速度，也提高析出强化效果，如图 4-12 所示。这些结果也表明，在 950℃正火，不能使钒固溶，因此产生的强化效果有限。

瑞典金属研究所（现在的 Swerea KIMAB）随后对不同钒、氮和碳含量的等温热处理钢中钒的强化效果进行了细致的研究[3.2,4.24~4.27]。图 4-14 示出了

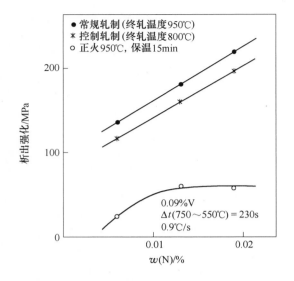

图 4-12 加工方法（实验室模拟）对 V(C,N)析出强化的影响

（钢的化学成分是：0.12% C-0.35% Si-1.35% Mn-0.095% V-0.02% Al）

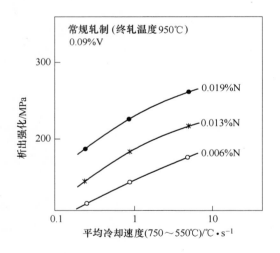

图 4-13 冷却速度对 V(C,N)析出强化的影响

（化学成分同图 4-12[4.24]）

钒、氮和时效温度对析出强化的影响。氮对含钒钢的重要影响在理论上有时被解释为：沉淀析出时只形成 VN，剩余的钒并不与碳结合，因为 VC 有较大的溶解度，析出的化学驱动力较低。然而，这种解释很不确切，并不是对这

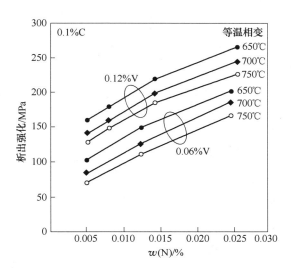

图4-14 氮、钒含量和相变温度对0.1%C-V-N钢析出强化的影响

（不同温度下经500s等温时效处理[3.2]）

一现象完全的正确描述。

下面给出了物理学上更准确的解释。对含有硬的、不可切过的V(C,N)析出粒子的材料，通过Orowan机制而产生析出强化——位错线在粒子间弓出。在这种情况下，决定性参数是滑移面上的颗粒间距，它由析出相的密度决定，而析出相密度由形核率和形核的数量控制，这种形核过程一直到溶质过饱和状态消失以后才结束。控制形核变化的基本参数是V(C,N)析出的化学驱动力，而V(C,N)析出的化学驱动力强烈地随氮含量的变化而变化，如图2-10所示[4.28]。简单地说，这是因为VN比VC的稳定性高，或者说有更低的自由能。因此，与低氮钢相比，在高氮钢中由于具有较大的析出化学驱动力，其析出相的密度更高，电镜照片已清楚地证实了这一点，如图4-10所示。当几乎所有的氮形成富氮V(C,N)而消耗时，接下来的变化过程可能遵循以下几条中的一条：

（1）在连续冷却过程中，温度降到足够低，钒的扩散基本停止，连续的析出过程也随之停止（这与上述传统的解释一致）；

（2）继续在先形成的富氮的V(C,N)上复合析出富碳的V(C,N)；

（3）如果固溶碳含量足够大（如图4-14所示），具有足够的化学驱动力促使继续形核，但此时形成富碳的 V(C,N)。

实验研究[4.25~4.28]已经清楚地证实，含钒钢的析出强化效果将随碳含量的增加而显著增加。图 4-15a 和图 4-15b 给出了析出强化增量（ΔR_p）随碳、氮含量的变化曲线[4.27]。结果表明，钢中每增加 0.01% C，ΔR_p 约提高 5.5MPa；而每增加 0.001% N，ΔR_p 约提高 6MPa。碳的这种重要作用以前没有引起注意，可能是由于估算析出粒子和珠光体对屈服强度实测值的贡献的评估方法

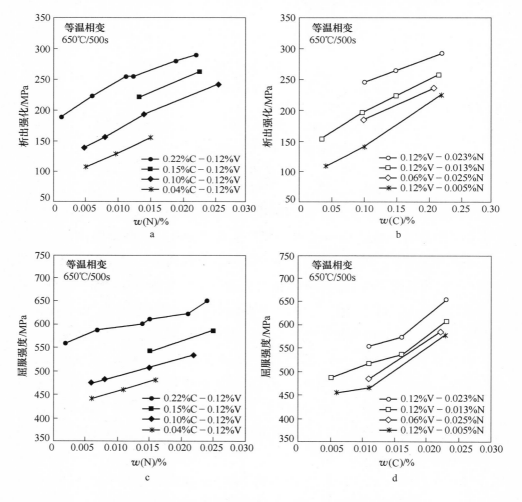

图 4-15　等温转变钒钢（650℃/500s）析出强化的推导值（a 和 b），
以及屈服强度测量值（c 和 d）

a，c—随氮含量的变化；b，d—随碳含量的变化[4.27]

存在着不确定性。在目前的条件下，评估方法得到了改善。采用纳米硬度测量技术可以很好地显示出铁素体中的沉淀硬化[4.25,4.27,4.28]。同样的钢采用相同的处理方法，屈服强度实测值示于图4-15c和图4-15d，ΔR_p 值示于图4-15a和图4-15b[4.27]。在0.12% V-0.025% N的增氮钢中，在0.10% C的水平，屈服强度可达560MPa；在0.22% C的水平，屈服强度可达670MPa。在所有这些情况下，组织均为完全铁素体-珠光体组织。

当然，在铁素体中溶解的碳能起到析出强化作用这并不足为奇。事实上，从所有关于析出强化随氮含量变化的传统曲线上都可以外推出，氮含量为"0"时，仍存在一个很可观的剩余强度量，见图4-12和图4-14。然而，总碳含量的强烈影响初看起来令人困惑不解，因为铁素体中的碳含量是由 γ/α 或者 α/渗碳体的相平衡所决定的。理解总碳含量影响的关键如下：

（1）低于 A_1 温度时，在 γ/α 和 α/渗碳体的两种平衡状态下，碳在铁素体中的溶解度存在相当大的差别，见图4-16。在600℃时，γ/α 平衡态的溶解度是 α/渗碳体平衡态时的5倍。奥氏体相也可看作是碳的储存器，在发生 V(C,N) 析出时，碳从奥氏体扩散进入铁素体，使铁素体保持较高的过饱和状态。

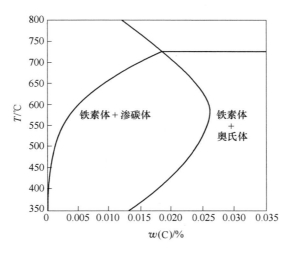

图 4-16 ThermoCalc 软件计算得到的与渗碳体和奥氏体平衡的
铁素体中碳的固溶度曲线[4.26]

（2）事实上，总碳含量影响了 $\gamma \rightarrow \alpha$ 相变动力学，最终影响到 $\gamma \rightarrow \alpha +$ 渗碳体的相变动力学。这里最基本的一点是增加碳含量延长了珠光体的形成时间，如图4-17所示[3.41,4.28]。这意味着，对于 V(C,N) 的析出，保持较大化学驱动力的时间延长，因而促进了大量形核。同时，应该认识到，由于碳在铁素体中的扩散速度快，渗碳体形成的也很快，对典型的显微组织这一时间不超过1s，结果铁素体中碳含量将降低，因此析出的驱动力也将减小。

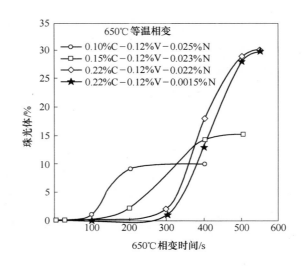

图4-17 在650℃等温相变期间，钒-氮钢珠光体开始转变
时间随碳含量（0.10% ~0.22%）的变化[3.41]

上述相互关系的分析表明，随着钢中碳含量的增加，在高的化学驱动力下析出相形核的时间将延长，从而导致 V(C,N) 析出相的密度更高，图4-18中的电镜照片清楚地说明了这一结论。

在这一点上应该指出，氮和碳的综合作用对于长型材产品，如船舶型材和钢筋，有特别的优势，这类产品通常具有高于板带材产品的较高碳含量（0.2% ~0.3%）和由于采用电弧炉炼钢而较高的氮含量，在0.01%左右。V(C,N)的析出强化对增加这类产品的强度起着非常重要的作用，这将在第6章和第7章进一步讨论。

众所周知，在相同钒含量情况下，钒-钛钢的析出强化效果明显低于钒钢

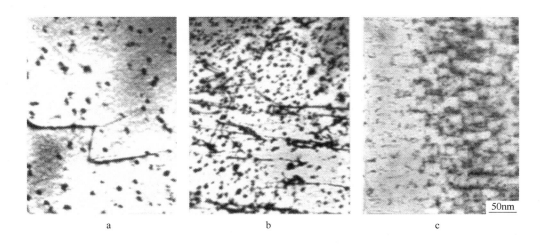

图 4-18　电镜照片，显示不同碳含量的 0.12% V-0.013% N 钢

650℃ 等温相变后的 V(C,N) 析出[4.27]

a—0.04% C；b—0.10% C；c—0.22% C

的析出强化效果，如图 4-19 所示[4.26]。已经表明，由于（Ti，V）N 在奥氏体中形成从而使钢中有效氮、钒量下降，不能完全解释图 4-19 中与 0.22% C-0.12% V 钢相比 0.22% C-0.12% V-Ti 钢强度的下降（约 100MPa）。还有一部分作用可能是由于钒-钛钢中 γ/α 相变比钒钢中的更快，因此 V-Ti 钢中较早

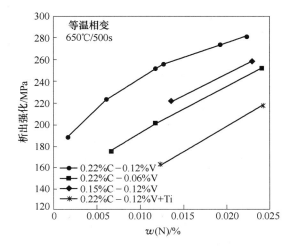

图 4-19　650℃ 等温处理后，钢中析出强化增量的推导值[4.26]

地形成了珠光体[4.26,3.40]。如上所述，这将夺走铁素体中的固溶碳，因此降低了 VC 的析出强化。

　　为了获得更高强度的热轧带钢，近来贝氏体钢获得了关注，参见第 7 章。在这种钢的最新进展中，基本思路是利用在贝氏体中形成的非常细小的 V(C,N) 来提高 0.04% C 低碳钢的强度[4.29]。钒氮微合金钢在 450℃ 或以下温度卷取时，可以达到 750 ~ 800MPa 的屈服强度水平，这等于一种相应的无钒钢迅速冷却至室温所获得的贝氏体的强度。对这种钢强度构成的分析表明，源自于贝氏体中的非常密集的位错亚结构的应变硬化贡献约 400MPa，卷取过程中形成的 V(C,N) 析出的作用几乎完全限于阻止这些亚结构的回复，实际的析出强化效果很小。其中的原因是，来自于位错亚结构和析出粒子的硬化可以被认为是两种点障碍分散体的强度（强的位错节点和硬的粒子），其中位错通过奥罗万机制绕过粒子。在这种情况下，总强度是各组分分别起作用对强度贡献的平方和，如下式：

$$\sigma^2 = (\sigma_1)^2 + (\sigma_2)^2 \tag{4-5}$$

此式的含义是，两种组分对总强度的贡献低于当它们单独起作用时，特别是较小的一个，在这里是析出强化，对总强度的贡献要小得多。

4.5　本章小结

　　（1）微合金钢的析出强化得益于 γ/α 相变。当 γ→α 相变时，由于微合金元素在两相中溶解度的明显差异，微合金碳氮化物析出的化学驱动力骤然地强烈增加，因而使得铁素体中能大量形核。与其他微合金碳氮化物相比，由于 V(C,N) 溶解度大，在奥氏体范围内较低的温度时就能大量溶解，因此钒微合金钢特别适于产生析出强化。同时，溶解度大使钢具有高的析出驱动力，进而为形成高密度析出创造了条件。

　　（2）在 A_3 ~ A_1 温度区间缓冷时，V(C,N) 析出的过饱和度低，易在界面上形核，此时，V(C,N) 在移动的 γ/α 界面上不断重复形成，这就是相间析出。随着温度的下降，界面移动将获得与析出速率相应的速度，这意味着界面将摆脱析出物，在迁移的 γ/α 界面之后，留下过饱和的铁素体，接下来在铁素体内将产生一般析出。对于典型成分的微合金结构钢，一般析出约在 700℃ 以下发生，而相间析出则在更高的温度下发生。然而，不同的析出模式之间变化相当大。所以，一般析出在高温条件下与相间析出同时产生也是很常见的。

（3）提出了一个预测相间析出的模型。在一个被一层相间析出粒子钉扎的奥氏体/铁素体界面上，在粒子稀松分布的地方会发生局部拱起。所形成的拱起向侧向及垂直于界面迁移。沿被钉扎界面移动的台架（竖板和踏板）将通过台架内快速边界扩散向析出相提供钒。同时，随着拱起移动进入奥氏体，面临界面的铁素体中的钒含量将逐步上升，达到一临界含量，新的 V(C,N) 将在拱起的前沿形核，因此形成新的粒子层。所描述过程的含义是，钒在前沿再分配的速度，通过拱起进入第一层粒子必须与受碳扩散控制的移动台阶的速率精确匹配。已经对这种情况进行了分析，并解析求解。在预测层间间距随温度变化、从相间析出过渡到一般析出，以及与碳、钒和氮含量之间的关系方面，该模型的预测值与实验值具有很好的一致性。

（4）随着氮含量增加，V(C,N) 析出密度增大，颗粒变细。这是因为，随着铁素体中溶解的氮含量增加，析出反应的化学驱动力增大，因而增加了形核率。同时，由于析出相密度增大，析出相周围铁素体贫钒区出现较早，使 V(C,N) 颗粒的长大速率下降。

（5）添加适量的钒，通过 V(C,N) 析出产生相当大的强化效果；在 0.010% 氮含量水平的典型电弧炉钢中，添加 0.10% V 的析出强化将达到 250MPa。增大通过 γ/α 相变区域及在铁素体温度范围的冷却速度，将进一步增大析出强化效果，特别是在高氮钢中。

（6）钢中存在位错不能切过的硬粒子时，如 V(C,N)，决定析出强化效果的一个组织结构参数是粒子间距。因此，为了获得最大的强化效果，应使 V(C,N) 的形核率达到最大，因为形核率决定了析出相的密度大小。钒微合金钢中，氮对析出强化有强烈影响，每 0.001% N 可使强度增加约 6MPa，这应归功于氮提高了 V(C,N) 的形核能力。

（7）已经表明，首先形成的是富氮的 V(C,N) 粒子，直到几乎所有的氮都消耗完时，V(C,N) 中的碳含量才会上升。因此，为了获得富碳的 V(C,N) 的析出强化作用，必须有足够的固溶碳，以提高新的 V(C,N) 形核的化学驱动力。当铁素体中碳含量由 γ/α 相平衡控制而不是取决于 α/渗碳体平衡时，就能满足上述条件。在 600℃ 时，γ/α 相平衡的铁素体中的碳含量是 α/渗碳体平衡的铁素体中的碳含量的 5 倍。

（8）最近的研究表明，钒微合金钢的析出强化效果随钢中总碳含量增加而显著提高，以前没有认识到这种效果。每增加 0.01% C，其析出强化增量 ΔR_p 约为 5.5MPa。这是因为较高的碳含量延迟了珠光体的形成，根据 γ/α 相平衡，可在相对较长的时间内保证在铁素体中较高的固溶碳含量，可参见前面段落。

参 考 文 献

[4.1] Khalid F A, Edmonds D V. Interphase precipitation in microalloyed engineering steels and model alloy. Mat. Sci. Techn. , 1993, 9: 384~396.

[4.2] Relander K. Austenitzerfall eines 0.18% C-2% Mo-Stahles im Temperaturbereich der Perlitstufe. Acta Polytechnica Scand, 1964, 34: 1~80.

[4.3] Davenport A T, Honeycombe R W K. Precipitation of carbides at austenite/ferrite boundaries in alloy steels. Proc. Roy. Soc. London, 1971, 322: 191~205.

[4.4] Campbell K, Honeycombe R W K. The isothermal decomposition of austenite in simple chromium steels. Metal Science J, 1974, 8: 197~203.

[4.5] Honeycombe R W K. Transformation from austenite in alloy steels. Met Trans. , 1976, 7A: 915~936.

[4.6] Ricks R A, Howell P R. The formation of discrete precipitate dispersions on mobile interphase boundaries in iron-base alloys. Acta Metall. , 1983, 31: 853~861.

[4.7] Lagneborg R, Zajac S. A model for interphase precipitation in V-microalloyed structural steels. Met. Trans. , 2001, 32A: 39~46.

[4.8] Okamoto R, Ågren J. A model for interphase precipitation based on finite solute drag theory. Acta Mater. , 2010, 58: 4791~4803.

[4.9] Okamoto R, Borgenstam A, Ågren J. Interphase precipitation in Nb microalloyed steels. Acta Mater. , 201, 58: 4683~4790.

[4.10] Miyamoto G, Hori R, Poorganji B, Furuhara T. Crystallographic analysis of proeutectoid ferrite/austenite interface and interphase precipitation of vanadium carbide in medium-carbon steel. Met. Mat. Trans. , 2013, 44A: 3436~3443.

[4.11] Murakami T, Hatano H, Miyamoto G, Furuhara T. Effects of ferrite growth rate on interphase boundary precipitation in V microalloyed steels. ISIJ Int. , 2012, 52: 616~625.

[4.12] Jang J R, Yen H W, Chen C Y, Huang C Y. The development of interphase precipitated nanometre-sized carbides in the advanced low-alloy steels. Mater. Sci. Forum, 2013, 762: 95 ~ 103.

[4.13] Zajac S, Siwecki T, Korchynsky M. Importance of nitrogen for precipitation phenomena in V-microalloyed steels. Int. Symp. on Low Carbon Steels for the 90's, 1993 ASM/TSM Materials Week, Pittsburgh, USA, 1993: 139 ~ 150.

[4.14] Baker R G, Nutting J. The tempering of a Cr-Mo-V-W and a Mo-V steel, Precipitation Processes in Steels. ISI Report No 64, London 1969: 1 ~ 22.

[4.15] Smith R M, Dunne D P. Structural aspects of alloy carbonitride precipitation in microalloyed steels. Mater. Sci. Forum, 1988, 11: 166 ~ 181.

[4.16] Honeycombe R W K. Fundamental aspects of precipitation in microalloyed steels. Proc. Int. Conf. on Technology and Applications of HSLA Steels, Philadelphia PA, ASM, 1983: 243 ~ 250.

[4.17] Johnson W C, White C L, Marth P E, Ruf P R, Tuominen S M, Wade K D, Russell K C, Aaronson H I. Influence of crystallography on aspects of solid-solid nucleation theory. Met. Trans., 1975, 6A: 911 ~ 919.

[4.18] Lee J L, Aaronson H I. Influence of faceting upon the equilibrium shape of nuclei at grain boundaries. Acta Met., 1975, 23: 799 ~ 808.

[4.19] Cahn J W. The kinetics of cellular segregation reactions. Acta Met., 1959, 7: 18 ~ 28.

[4.20] Hillert M. Proc. Int. Symp. on the Mechanism of Phase Transformation in Crystalline Solids, Monograph and Report Series No. 33, Institute of Metals, London, 1969: 231 ~ 249.

[4.21] Lagneborg R. Interphase precipitation in incoherent austenite/ferrite interfaces. Swedish Institute for Metals Research, Internal Report, IM 2000-012, 2000.

[4.22] Roberts W, Sandberg A. The composition of V(C,N) as precipitated in HSLA steels microalloyed with vanadium. Swedish Institute for Metals Research, Internal Report IM-1489, 1980.

[4.23] Schmutz M J. Research Report to Vanitec from Massachusetts Institute of Technology, 1981.

[4.24] Roberts W, Sandberg A, Siwecki T. Precipitation of V(C,N) in HSLA steels microalloyed with V. Proc. Conf. Vanadium Steels, Krakow, Vanitec, 1980: D1 ~ D12.

[4.25] Zajac S, Siwecki T, Hutchinson B. Precipitation phenomena in V-microalloyed 0.15-0.22% C structural steels. Swedish Institute for Metals Research, Internal Report IM-3453, 1996.

[4.26] Zajac S, Siwecki T, Hutchinson B, Lagneborg R. Strengthening mechanisms in vanadium microalloyed steels intended for long products. ISIJ Int., 1998, 38: 1130 ~ 1139.

[4.27] Zajac S, Siwecki T, Hutchinson B, Lagneborg R. The role of carbon in enhancing precipitation strengthening of V-microalloyed steels. Int. Symp. Microalloying in Steels: New Trends for the 21st Century, San Sebastian, Spain, 1998: 295~302.

[4.28] Zajac S. The role of nitrogen and carbon in precipitation strengthening of V-microalloyed steels. Swedish Institute for Metals Research, Confidential Internal Report 1997.

[4.29] Siwecki T, Eliasson J, Lagneborg R, Hutchinson B. Vanadium microalloyed baintic hot strip steels. ISIJ Int. , 2010, 50: 760~767.

5 铸态组织

5.1 微观结构特征

人们对铸坯组织的关注远不如轧态组织。原因很简单，其一是原始板坯取样困难（典型厚度为 220mm），其二是它们对最终性能的影响通常是间接的。然而，对于铸态组织的认识，特别是与热轧等后续工艺相关组织关系的了解是很有必要的。概括地讲，铸态组织有两种特征：一种是形态稳定、能直接影响最终材料性能的组织；另一种是形态变化、在其后连续加工过程中无法辨认的组织。第一种组织包括有夹杂物、弥散 TiN、导致带状结构的偏析和非均匀弥散的微合金碳氮化物等。过渡微观结构（非稳态组织）包括晶粒结构、共晶或粗大碳氮化物形式存在的微合金元素析出物，它们可通过再结晶细化或通过扩散过程溶解。

实际上，稳态组织和过渡结构之间的差异并不总是分得很清楚。例如，当把传统板坯的连铸和再加热轧制与薄板坯的连铸和直接热轧相比较时，建议详细考虑铸态组织的影响。由于轧前不发生 $\gamma \rightarrow \alpha \rightarrow \gamma$ 相变及总压下量较小，这意味着初始晶粒结构将影响最终晶粒尺寸。类似地，轧制前较低的均热温度和较短的停留时间使得共晶微合金碳氮化物不能充分溶解，而微合金碳氮化物是否充分溶解又与最终的沉淀强化息息相关。在迄今为止的报道中，对薄板坯铸态组织并没有系统地研究过，因而不能对其给出清晰的结论。然而，至少可以认为它与传统工艺的铸态组织存在着差异。

结构钢连铸板坯通常由靠近表面的柱状凝固组织和心部的等轴晶组成。由于冷却过程发生 $\delta \rightarrow \gamma \rightarrow \alpha$ 的相变，在最终的铁素体 + 珠光体或贝氏体组织中，这种结构并不明显。图 5-1 显示了钒、钛复合微合金钢（0.13% C-1.46% Mn-0.042% V-0.01% Ti）220mm 厚板坯组织结构[5.1]。高倍显微镜下观察到相对均匀的铁素体和珠光体混合组织（图 5-1a），而在低倍下观察显示铁素体沿奥氏体晶界形成网状结构（图 5-1b）。在次表面区中，奥氏体晶粒约为 1mm 宽、几个毫米长的柱状结构。该钢的原始枝晶状结构可通过热处理方法显示，具体如下：950℃奥氏体化后，缓慢冷却至 770℃，水淬后在 400℃回火。经硝酸酒精腐蚀后，观测到在黑色的回火马氏体基体上分布着白亮的铁素体（图 5-1c）。这时明显看出铸态 δ 铁素体晶粒尺寸远大于随后的奥氏体晶粒，说明钛的加入有助于细化奥氏体晶粒，或者说，阻止新形成奥氏体晶粒的长大[5.1]。另外，在这类微合金钢中，也出现直径为厘米级的粗大奥氏体晶粒，特别是在钢坯角部。这些都表现为二次再结晶特征或由弯曲、热影响及包晶反应产生的应变所形成的临界应变再结晶现象的特征。

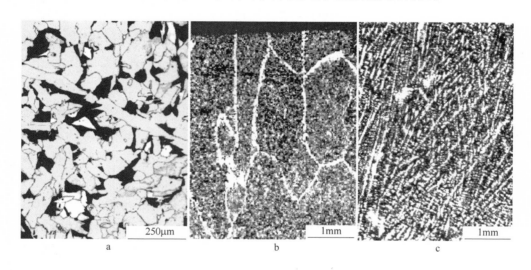

图 5-1   HSLA 钢铸坯的金相照片

a—晶粒结构；b—奥氏体晶界；c—枝晶结构

钒在微合金钢铸坯中形成碳氮化物颗粒，至少存在三种形态。第一种是在冷却过程中通过低温奥氏体区时形成的直径为 100nm 的细小沉淀物（图 5-2a），在同时含铌、钒的钢中，可产生(V,Nb)(C,N)复合析出相。第二种形态是钒、钛复合微合金化钢（Zajac 等[5.2]）中形成的较大的枝晶状粒子，枝晶臂沿三个相互垂直的方向延伸（图 5-2b），枝晶心部为立方体的 TiN 粒子，枝晶臂是纯 VN。从它们的尺寸大小可知，必须能够发生长距离的扩散过程，因此，枝晶状颗粒是在高温奥氏体区形成的，在铸坯冷却过程中当超过溶解度极限时，VN 便在已析出的 TiN 颗粒上形核，它们通过长程扩散方式长大。铸坯中第三种 V(C,N)相的形态是一种十分粗大的共晶相，它与 Priestner 等人[5.3,5.4]在铌微合金钢凝固过程中所形成的共晶 NbC 相的结构相类似。这主要是由于微观偏析引起合金元素在液相中的富集，使得凝固终了时在枝晶内部发生共晶反应，图 5-2c 示出了 0.09% C-1.41% Mn-0.013% N-0.08% V-0.01% Ti 钢铸坯组织中这种共析相的例子。

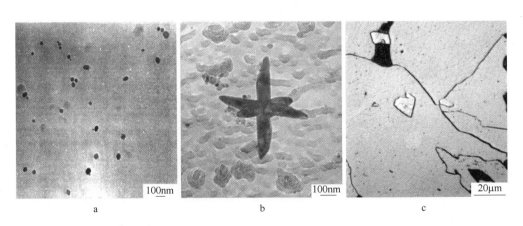

图 5-2　HSLA 钢铸坯中 V(C,N)析出相的透射电镜复型照片（a）、（b）和光学照片（c）

传统工艺中，富钒的 V(C,N)相通常会在板坯热轧前长时间的高温加热过程中溶解，在最终的轧制组织中很难看到粗大的共晶相。正如我们所期望的，微合金元素起到了析出强化作用。而对于薄板坯连铸连轧工艺，热轧前的均热温度较低，保温时间也较短，这将使粗大的颗粒有可能保留下来并影响最终性能。这种情况出现在某些含铌钢中[5.4]，但目前在含钒钢中还没有发现过。

5.2　铸造过程中的塑性

铸钢中组织结构和化学成分的重要作用在于它们如何影响连铸坯生产过程中高温下弯曲和矫直时的塑性。Crowther 对"横向裂纹"产生机制及不同合金和杂质元素的影响作了很好的综述[5.5]。众所周知，在一定的温度范围内，铸坯存在一个塑性低谷区，此时易发生铸坯边部表面裂纹。微合金钢中这一问题比普通 C-Mn 钢要严重得多。塑性低谷区通常存在于 700～1000℃ 的温度范围内，其中最主要的指标是由于板坯弯曲而使塑性降低的上临界温度，随着铸坯的连续冷却，其表面、边缘、角等各个部位的温度在降到该临界温度之前必须完成连铸坯的弯曲和矫直。

裂纹通常沿奥氏体晶界分布，图5-3示出了Ti-V微合金钢铸坯中一个角裂纹的例子，摘自Bruce的文章[5.1]。在裂纹发生后，初始奥氏体晶界形成了铁素体薄膜。在高温和较低的变形速率下，沿奥氏体晶界形成的裂纹呈现典型的蠕变断裂特征，我们知道这种蠕变断裂在铸造产品具有较大晶粒尺寸时更为严重[5.6]。由于晶界成为软化区，形变和滑移会集中在晶界上，造成晶粒交界处或在晶界上析出的第二相粒子处产生空洞。微合金钢容易产生这种裂纹[5.7,5.8]，原因如下：

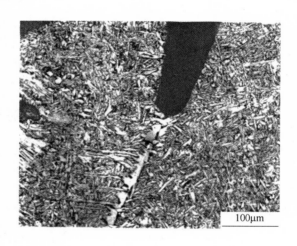

图5-3　Ti-V微合金钢铸坯中沿原奥氏体晶界开裂的实例

（1）在奥氏体晶界上粗大的碳氮化物粒子处形成空洞；

（2）细小的碳氮化物析出强化了晶粒内部；

（3）在变形亚结构中的析出阻止了动态再结晶，因此阻止了晶界处的应力释放。

当温度降到A_{r3}温度以下时，沿奥氏体晶界开始形成铁素体，这将产生附加影响。在一定温度下，铁素体的强度仅约为奥氏体的60%，此时在晶界处的应变集中变得更大，从而导致快速的局部断裂。只有在较低温度下，组织主要为铁素体时，形变才比较均匀，塑性才能得到恢复。

对于不同钢种的高温塑性行为已经做了大量的研究。大多数情况下采用拉伸试验方法进行这方面的研究，也有一些采用弯曲试验方法以使模拟更接近钢厂的实际生产条件。最可靠的数据是将实验钢熔化、凝固，然后直接冷却至试验温度；在某些情况下，采用很高的奥氏体化温度得到粗大的晶粒，并使微合金化元素完全溶解。图 5-4 比较了不同钢种的四组热拉伸试验结果。一种方法是用断面收缩率表示材料塑性。图 5-4a 为 Mintz 和 Abushosha[5.9] 的实验结果，预加热温度 1330℃；图 5-4b 是取自凝固试样的实验结果[5.10]；图 5-4c 是 Karjalainen 等人[5.11] 的实验结果，也是取自凝固试样。另一种热塑性

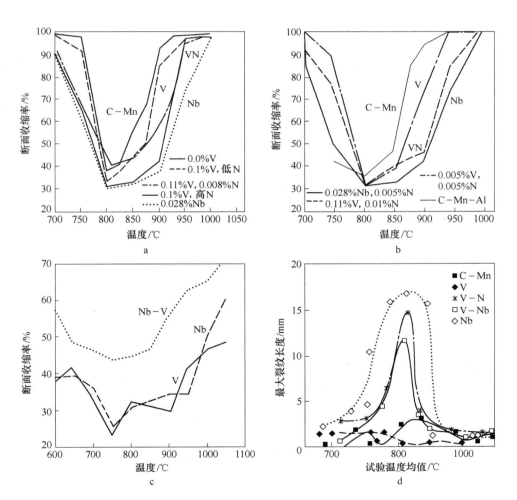

图 5-4　不同文献中钢的热塑性数据的比较

a— [5.9]；b— [5.10]；c— [5.11]；d— [5.12]

评价的实验结果示于图 5-4d，这是 Crowther 等人的研究工作[5.12]，采用了铸后在不同温度下弯曲的 50mm 铸坯中的最大裂纹长度来衡量热塑性。

很难比较这些结果的温度和形变的绝对值，因为温度与形变还受到所施加的特定的冷却条件及变形速率的影响。然而，当比较不同成分钢的热塑性时，实验结果却呈现出一致的变化趋势。从塑性低谷区宽度及其存在温度范围两方面来看，普通碳-锰钢对裂纹并不敏感，最敏感的是含铌微合金钢，尤其是考虑塑性低谷区的上临界温度时更是如此。如前所述，上临界温度是实际生产操作时最关心的参数。含钒微合金钢介于普碳钢和含铌钢之间。较高的氮含量扩大了含钒钢的塑性低谷区，特别是使塑性低谷区向高温方向移动。Mintz 和 Abushosha[5.9] 的研究结果表明，如果钢中钒和氮水平（以质量分数表征）能够满足 $[V][N] < 1.2 \times 10^{-3}$ 的要求，则含钒钢的热塑性优于含铌钢。高氮含量通常降低热塑性[5.5]，可能是因为它促进更多的 AlN、VN 或 NbN 的析出及在更高温度下的析出。对于钒-氮微合金钢，VN 粒子还可能促进铁素体的过早形成，如第 3 章所述，使热塑性进一步降低。文献中一个值得注意的结果是，含铌钢中添加钒，即使铌含量保持不变，也可改善热裂纹抗力。

对于图 5-4 中塑性低谷区的解释并不是很明确。Crowther 等人[5.12] 的研究认为，裂纹的形成部分是由于沿奥氏体晶界形成了铁素体所造成的结果。这一看法似乎是合理的，因为裂纹形成温度均低于 900℃。然而，所有的拉伸试验结果均表明，塑性降低发生在更高的温度。钢中添加微合金元素的影响当然不是因为改变了 A_{r3} 温度，肯定是与碳氮化物粒子的析出有关。铌在奥氏体中的固溶度低于钒，因此 NbC 在更高温度下析出，这与上述结果相吻合。

析出的影响与第 2 章所讨论的氮对 VN 形成驱动力的影响是一致的。然而，关于塑性降低方面的机理研究还没有取得完全共识。铌抑制动态再结晶的观点与许多热加工研究结果有一致性，在热拉伸试验条件下也确实如此。然而在这些实验条件下所涉及的应变要比实际生产中的大得多。正常条件下，实际生产的应变小于 1%，此时不会发生动态再结晶。有实验结果表明，第二相析出使奥氏体晶内得到强化，这样就提高了晶界处的载荷，若晶界上再生成较软的铁素体，这一效果将得到进一步加强。细小的析出相比粗大的析出相具有更大的强化作用，因此有害作用更大。有一项研究发现[5.12]，含铌微合金钢中添加钒，伴随析出相尺寸的增加，钢的热塑性得到改善。钒似乎也抑制了有害的细小 NbTi（C，N）的析出，这进一步加强了对铌微合金钢的有利影响[5.13]。

5.3 薄板坯（CSP）条件

最近二十年来，CSP 技术的快速发展提出了与薄板坯结构和性能相关的新问题。Rodriguez-Ibabe[5.14]最近发表了大量的评论，他提出早在 2007 年全世界生产的带钢，有 15% 是以这种方式生产的。

薄板坯连铸时，较高的铸造速度对微合金钢的热塑性提出了更高要求。因此，薄板坯连铸产品应避免生产能够发生包晶反应的碳含量范围（0.07% ~ 0.17%）的钢种。此外试验证明，铌微合金化由于在薄板坯连铸期间表面形成微裂纹，因而降低热轧带钢的表面质量[5.15]。钒微合金化即使是在增氮的情况下，也能避免这些问题。首先，降低碳含量至 0.07% 以下造成的强度损失，可通过适当的钒-氮微合金化来补偿，并且含铌钢连铸过程中产生的损害钢板表面质量的热裂纹在含钒钢中也可大大减弱[5.10,5.13]。

Siwecki[5.16]研究了钒-铌微合金化钢（0.06% C-1.49% Mn-0.11% V-0.017% Nb）薄板坯（50mm）铸态结构。结果表明，除表面有一层较细的等轴晶外，其余几乎均是连续的柱状结构（图 5-5a）。此外，低倍观察结果显示，奥氏体晶界分

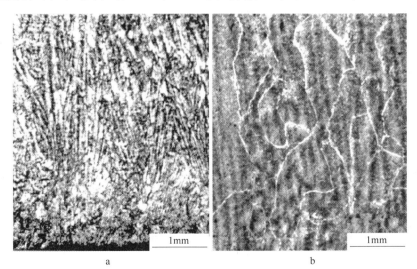

图 5-5　50mm 厚铸态薄板坯的金相照片

a—原始枝晶结构；b—奥氏体晶粒

布着薄膜状的铁素体（图 5-5b）。除接近表面外，奥氏体晶粒倾向于形成柱状结构，其尺寸小于[5.1]传统连铸坯中的奥氏体晶粒尺寸。

　　对薄板坯中奥氏体晶粒尺寸的了解是非常重要的，因为它们是直接装入均热炉的，没有传统板坯生产工艺中所允许的相变产生的组织细化的可能。此外，由于随后轧制过程中总压下量较小，晶粒细化的可能性也因此而有了更多的限制。Mitchell 等[5.17]报道了基本成分为 0.06% C-1.5% Mn-0.45% Si、钒和氮含量不同的钢在不同控制冷却速度下的薄板坯连铸的大型实验模拟结果。图 5-6 示出了这些实验以及所模拟的不同铸坯厚度的奥氏体晶粒尺寸。结果表明，增加冷却速度或减小铸坯厚度能够得到期望的较细小的奥氏体晶粒结构。然而，这些数据与 Rodriguez-Ibabe[5.14]所报道的工业 CSP 生产的数据有相当大的差异。图 5-6 中大多数平均晶粒尺寸是小于 500μm 的，而工业生产的板坯表面和中心部位的平均晶粒尺寸约为 1200μm，最大的达到 2500μm。图 5-5 所示工业化生产的 50mm 铸坯结构中也含有类似大尺寸的奥氏体晶粒。这可能表明，在实际的工业生产连铸条件下，要达到大型实验室试制的结果并不容易。

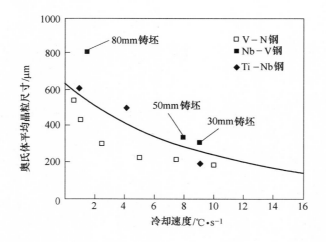

图 5-6　冷却速度对铸态奥氏体平均晶粒尺寸的影响[5.17]

　　冷却速度不仅影响不同厚度铸坯的晶粒结构，还影响奥氏体中第二相析出粒子的尺寸。图 5-7 示出了文献［5.17］中两种微合金化钢的平均和最大粒子尺寸[5.17]。较薄厚度的铸坯冷却速度较快，能减小(V,Ti,Nb)(C,N)的粒子尺寸,而第二相粒子对晶粒长大的强烈的 Zener 钉扎作用,可能对热轧后的最终晶粒尺寸产生影响。

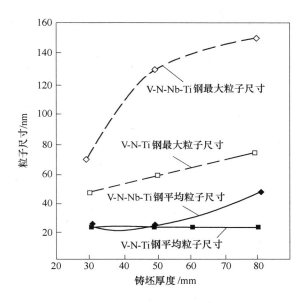

图 5-7 两种微合金钢的铸坯厚度对(V,Ti,Nb)(C,N)粒子尺寸的影响[5.17]

5.4 本章小结

(1) 微合金化元素钒对铸钢的晶粒结构并不产生明显的影响。由于钒在凝固过程中不同的温度范围内均可析出,所以钢中析出的碳氮化钒颗粒尺寸有较宽的分布范围。

(2) 传统热轧工艺前的板坯再加热过程可使钢中的钒完全溶解,从而在最后的轧制产品中产生析出强化作用。在薄板坯连铸连轧的情况下,均热炉的正常温度通常可以保证所有的钒处于固溶状态。

(3) 铌微合金钢铸坯的热裂纹倾向比钒钢严重。较高的氮含量增加钢的热裂纹敏感性。铌钢中加入钒,使铸坯材料中的(Nb,V)(C,N)粒子粗化,从而有利于改善热塑性。

(4) 薄板坯直接轧制意味着不会发生由 $\gamma \rightarrow \alpha \rightarrow \gamma$ 相变产生的晶粒细化。在这种情况下,热轧之前的奥氏体晶粒可能非常大。奥氏体晶粒实际尺寸在这种情况下具有不确定性。

参 考 文 献

［5.1］ Bruce H. Transverse corner cracks in continuously cast microalloyed steels. Swedish Institute for Metals Research, Internal Report IM-2568, 1990. （In Swedish）

［5.2］ Zajac S, Siwecki T, Hutchinson W B, Attlegård M. Recrystallised controlled rolling and accelerated cooling for high strength and toughness in V-Ti-N-steels. Metall. Trans. , 1991, 22A：2681~2694.

［5.3］ Priestner R, Zhou C. Simulation of microstructural evolution in Nb-Ti microalloyed steel during direct hot rolling. Ironmaking and Steelmaking, 1995, 22：326~332.

［5.4］ Zhou C, Priestner R. The evolution of precipitates in Nb-Ti microalloyed steels during solidification and post solidification cooling. ISIJ International, 1996, 36：326~332.

［5.5］ Crowther D N. The effects of microalloying elements on cracking during continuous casting. Proc Vanitec Symp. , Beijing, 2001：99~131.

［5.6］ Lagneborg R. The effect of grain size and precipitation of carbides on the creep properties of Fe-20% Cr-35% Ni alloys. J. Iron and Steel Inst. , 1969, 207：1503~1506.

［5.7］ Suzuki H G, Nishimura S, Yamaguchi S. Characteristics of hot ductility in steels subjected to melting and solidification. Trans. ISIJ, 1982, 22：48~56.

［5.8］ Mintz B, Arrowsmith J M. Hot ductility behaviour of C-Mn-Nb-Al steels and its relationship to crack propagation during the straightening of continuously cast strand. Met. Technol. , 1979, 6：24~32.

［5.9］ Mintz B, Abushosha R. Influence of vanadium on hot ductility of steel. Ironmaking and Steelmaking, 1993, 20：445~452.

［5.10］ Mintz B, Abushosha R. The hot ductility of V, Nb/V and Nb containing steels. Mater. Sci. Forum, 1998, 284-285：461~468.

［5.11］ Karjalainen L P, Kinnunen H, Porter D. Hot ductility of certain microalloyed steels under simulated continuous casting conditions. Mater, Sci. Forum, 1998, 284-286：477~484.

［5.12］ Crowther D N, Green M J W, Mitchell P S. The influence of composition on the hot cracking susceptibility during casting of microalloyed steels processed to simulate thin slab casting conditions. Mater. Sci. Forum, 1998, 284-286：469~476.

［5.13］ Banks K M, Tuling A, Mintz B. Influence of V and Yi on hot ductility of Nb-containing steels of peritectic C contents. Mater. Sci. Tech. , 2011, 27：1309~1314.

［5.14］ Rodriguez Ibabe J M. Thin slab direct rolling of microalloyed steels. Trans-Tech Publications, 2007, 33.

［5.15］ Lubensky P L, Wigman S L, Johnson D J. High strength steel processing via direct charging using thin slab technology. Proc. Microalloying'95, Iron and Steel Society Inc., Pittsburgh, 1995: 225~233.

[5.16] Siwecki T. Surface and structure of thin slab and precipitates in hot strip rolled steel microalloyed with V and Nb. Swedish Institute for Metals Research. Confidential Report, 1996.

[5.17] Mitchell P S, Crowther D N, Green M J W. The manufacture of high strength vanadium-containing steels by thin slab casting. 41st. Mechanical Working and Steel Processing Conference, Baltimore, USA, 2007: 459~470.

6 热机械控制工艺（TMCP）原理

6.1 基本原理

钢材的加工可看作是通过控制温度、时间和变形参量，将原来的铸态材料加工成最终的产品。产品可以是板材、带材、棒材、型材、管材或铸件。在整个加工过程中，逐步地改良了材料的微观组织，TMCP 的目的是使最终形状的材料实现最佳的力学性能。微观组织的发展取决于位错亚结构的形成，接下来是回复、再结晶、晶粒长大、相变和第二相粒子的析出，尤其是微合金碳氮化物。图 6-1 示出了加工的各个阶段及其微观组织相应的变化。

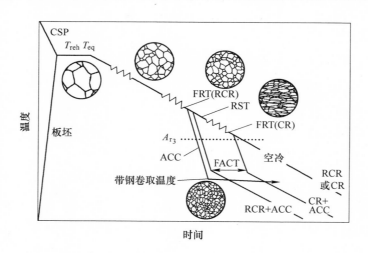

图 6-1　钢材生产中的各种热机械控制工艺（TMCP）示意图

传统的生产工艺是连铸铸坯，在轧制前进行重新加热，而较新的薄板坯生产工艺则是铸坯直接进入到一个均热隧道炉，随后轧制，这在很大程度上节约了能源。不同的热轧工艺会引起在精轧阶段变形-时间制度上非常重要的变化，因此，若想控制最终的微观组织，必须将这一过程考虑在内。在带钢轧制过程中，带材通过一系列的机架，机架间距离较近，因此道次间隔时间很短，并且随带材厚度减薄，带材加速，道次间隔时间逐渐缩短。与此形成对照，板材和长型材通常采用往复轧制，因此道次间隔时间要长得多，由于每道次轧制后产品变得更长，因此道次间隔时间增加。类似的、但更极端的情况出现在炉卷（Steckel）轧机的带材轧制中，其中带材盘绕在可逆轧机两侧，道次间隔时间更长，并且随着压下量增加，带材越拉越长，道次间隔时间增加。这些实际情况通过影响回复、再结晶和第二相的析出而影响钢显微组织的演变过程。

热轧条件下，钒微合金化 HSLA 钢通过合理选择热机械控制工艺(TMCP)，可获得强度、断裂韧性和焊接性等的良好匹配[6.1~6.13]。板材、长型材、带材和锻件性能的提高可以采用不同的强化机制，但其中最重要的是晶粒细化强化，它可同时提高钢的强度和韧性。而要获得最佳的铁素体晶粒细化效果，必须在相变开始前，尽可能地增大单位体积内奥氏体的晶界面积[6.8,6.9]。这可以通过低温控制轧制（CR）工艺来实现，或者在终轧温度相对较高时，采用再结晶控制轧制（RCR）工艺来实现，见图 6-1。

再结晶控制轧制的目的是通过奥氏体的反复再结晶而使晶粒细化，通过合适的第二相粒子（通常是 TiN）的弥散分布，在道次间隔时间内以及在冷却至 A_{r3} 温度的过程中，保持细小的奥氏体组织。在随后的相变过程中，再通过加速冷却就可得到细小的铁素体晶粒。由于再结晶控制轧制工艺相对简单、生产率高，并可用于传统的轧机，因而这种工艺颇具有吸引力。与低温控制轧制工艺（低于再结晶终止温度 RST）相比，再结晶控制轧制工艺有其内在的经济性。对于因轧机能力不够而不能采用低温控轧的生产工艺以及本身就具有高的终轧温度的长型材生产工艺，再结晶控制轧制工艺得到了很好的应用。

钒和铌在 TMCP 中发挥着非常不同的作用，这与它们的碳氮化物在奥氏体中的溶解度不同有关，这在第 3 章已探讨过。铌，在固溶和析出两种形式下，在低温轧制条件下，能有效地阻止奥氏体再结晶，形成变形的"扁平状"的奥氏体晶粒结构，从而在相变为铁素体时，可以显著细化铁素体组织。只有少量的铌仍处于固溶状态，这样在低温控制轧制（CR）后，析出对强度的贡献非常有限。钒在奥氏体中具有较大的溶解度，在此情形下，终轧温度通常较高，使得几乎所有的钒都保留在奥氏体中，可用于在铁素体中析出而产生有效的强化作用。晶粒细化在这里也是非常重要的，如果没有它，析出强化将会导致韧性变差。

热轧之后控制加速冷却使得显微组织从铁素体-珠光体变为细晶铁素体-贝氏体组织，因而可以在几乎不损失低温韧性的条件下，提高材料的强度。热轧带钢在轧制后沿输出辊道快速冷却，但是随后带钢紧紧地盘绕，使得随后的冷却速度变得非常缓慢。在这种情况下，卷取温度成为最重要的参数，控制着铁素体的微观结构和微合金碳氮化物的析出。加速冷却使 Nb(C,N) 或 V(C,N) 的析出强化作用增强，它对冲击韧性产生的不利影响可通过晶粒细化得到补偿。微合金化 HSLA 钢的合适的生产工艺应尽可能地把晶粒细化作用与微合金元素的潜在强化能力有效地结合起来。如果在工艺设计上，在通过 $\gamma \rightarrow \alpha$ 相变区时快速冷却，以获得尽可能细小的铁素体晶粒，接下来再通过延缓或较慢的冷速来使 V(C,N) 尽可能地充分析出，这是能够很好地实现的。在带钢轧制过程中，通过结合输出辊道上的喷水冷却和在 550~600℃ 卷取，能很好地实现上面所述。然而这种情况对其他钢铁产品来说很难控制，尽管如此，它可被认为是努力实现的一个目标。

使 TMCP 工艺获得成功的另一关键是把可接受的轧制载荷、良好的形状控制和高的生产率与最佳的组织细化效果有机地结合在一起，制定适合的轧制工艺。用于模拟计算热轧过程中微观结构变化和析出演变的计算机模型[6.14~6.17]，对设计轧制工艺是非常有价值的。

6.2 TMCP 轧制过程中的组织演变

为了优化 TMCP 钢轧制工艺，改善其性能，了解热轧过程中微观组织的演变过程非常重要。再结晶热轧的 TMCP 钢轧制工艺的优化更需要有关轧制工艺（变形量、温度、停留时间）和微观组织演变相互关系的详细知识。通过合理设计轧制工艺，完全可以获得一种非常细小而均匀的奥氏体显微组织。因此，用于计算热轧过程中微观组织演变的计算机模型对于优化轧制工艺是极为有用的，Sellars 和 Whiteman[6.18]首先采用了这种方法。由瑞典金属研究所开发的计算机模型 MICDEL 已经应用到许多不同化学成分的钢中，并可以对不同材料参数的影响进行对比分析[6.14~6.16]。该模型建立的基础是材料的最终组织取决于奥氏体的静态再结晶、静态回复和晶粒长大。静态再结晶动力学、再结晶后奥氏体晶粒尺寸受下列因素的强烈影响：应变、应变速率、温度、初始晶粒尺寸和钢的化学成分。根据 Hillert 理论，静态再结晶后奥氏体晶粒长大可以描述为：半径为 R 的球形晶粒正常长大取决于平均晶粒尺寸、第二相粒子的钉扎作用（Zener 参数）、比晶界能和晶界的移动性。

图 6-2 示出了采用相同的轧制工艺，钒、铌和氮含量不同的 0.01% Ti-V-N 和 0.01% Ti-V-Nb 钢在实际热轧过程中所预测的微观组织演变情况[6.15]。图中数据是从 1100℃开始经 11 道次轧制的 25mm 钢板的情况。再加热后的初始奥氏体晶粒尺寸，两种 0.01% Ti-V-N 钢取 20μm，而 Ti-V-Nb 钢取 55μm。对于钒、氮含量较低的 0.04% V-0.01% N-0.01% Ti 钢，初始奥氏体晶粒尺寸取 500μm 以表征晶粒异常粗化的影响。

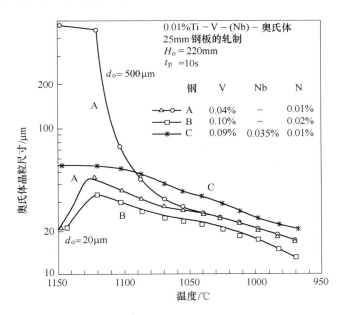

图 6-2 不同微合金元素含量的 Ti-V-(Nb)-N 钢板模拟工业化
热轧过程中奥氏体微观组织的演变[6.15]

由图 6-2 很明显地看出，高钒高氮钢显示了最有效的晶粒细化效果。微观组织演变模型也用于计算 0.08% V-0.018% N 带钢或类似的 HSLA 带钢轧制过程中奥氏体的微观组织演变[6.17]，这两种钢在 NUCOR 钢厂的一个紧凑型轧机上采用再结晶控制轧制生产。结果表明，只要轧制道次超过 3~4 次，板坯再加热后的初始晶粒尺寸对再结晶轧制后最终奥氏体晶粒尺寸没有影响。经过大压下之后，通过新晶粒大量形核发生再结晶，由此可以获得组织细化。

　　随着应变量的降低，再结晶的形核率显著下降，因此高温小压下会产生异常长大的再结晶晶粒。这种情况在热轧过程中的最后阶段最严重，因为为了控制板形及板厚，需采用小压下量的平整轧制，这样就可能破坏由 RCR 工艺获得的细晶奥氏体组织。一项有关 Ti-V-N 钢平整轧制工艺对最终组织的影响的研究表明，小压下导致了粗晶组织，见图 6-3[6.19]。对于任意温度及保温时间，轧制应变量为 3% 时，就不会发生晶粒粗化。图 6-3 为 ε-T-t 对奥氏体晶粒影响的三维立体图，示出了防止出现粗晶组织的终轧工艺安全加工区的曲面，这里的粗晶定义为大于 30μm 的奥氏体晶粒尺寸。奥氏体晶粒粗化是因高温时晶粒长大造成的，或者是在较低温度下，因"临界应变退火"现象造成的。最后的平整阶段道次变形量小，新晶粒通常只在少数有利位置形核，引起异常长大。这种加工不但没有细化晶粒，反而产生混晶组织，即在 10μm 左右的回复晶粒中混合一些非常粗大的晶粒。在此温度下，保温时间对于组

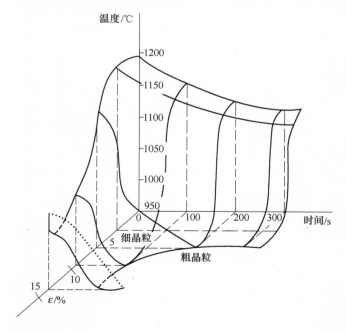

图 6-3　Ti-V-N 钢在平整道次后避免出现粗晶奥氏体的工艺窗口

（ε-T-t 三维坐标中的曲面是再结晶或晶粒长大造成的粗晶区与原始细晶组织的分界面[6.19]）

织粗化也是有明显影响的，实践证明，终轧后立即加速冷却非常有利于减小
组织粗化的危险性。

6.3 TMCP 材料的力学性能和微观组织

V-(Ti-Nb)微合金钢的力学性能和最终微观组织取决于下列工艺参数：
(1) 再加热温度（T_{reh}）；
(2) 轧制工艺参数：压下量（R_{ed}）、道次间隔时间和终轧温度（FRT）；
(3) 冷却参数：加速冷却速度（ACC）、加速冷却终止温度（FACT）；
(4) 钢的化学成分。

在热机械控制轧制工艺条件下，板坯的再加热温度对微合金钢的强度、
韧性和微观组织有显著的影响。低的板坯加热温度得到较细的奥氏体晶粒，
从而细化了材料的最终显微组织，因而提高钢的低温韧性。这主要应归因于
低的再加热温度使更多的细小析出物处于未溶解状态，从而更有效地阻止了
奥氏体晶粒的长大。然而，低的加热温度减少了奥氏体中溶解的钒（或铌）
含量，降低了冷却后析出强化的潜能，所以钢的屈服强度和抗拉强度下降。
对于 Ti-V-N 微合金钢，再加热温度从 1250℃ 降至 1100℃，屈服强度下降约
40MPa，同时，使钢的韧-脆转变温度降低约 15℃[6.5]。

终轧温度和终轧道次变形量是影响材料强度和韧性最重要的 TMCP 工艺
参数。终轧温度对不同微合金钢的微观组织和力学性能的影响示于图 6-4，数

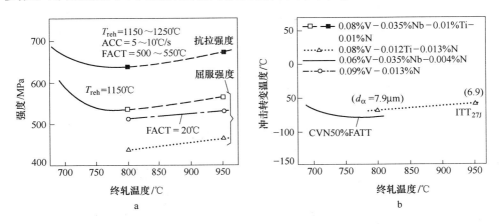

图 6-4 终轧温度对 Ti-V-(Nb)-N 钢力学性能的影响[6.9]

a—强度；b—冲击韧性

据来源于不同的文献[6.1,6.4,6.8,6.9]。图6-4显示，当终轧温度接近A_{r3}（即传统的控制轧制工艺，CR）时，Ti-V-Nb-N钢获得了低温韧性和抗拉强度的良好配合。然而，V-N钢采用终轧温度为950℃的再结晶控制轧制工艺，也获得了同样良好的强度与韧性匹配。这与Chilton和Roberts[6.20]对V-N钢的研究结果一致，他们的结果表明，终轧温度对力学性能的影响有限，尤其是当有析出粒子存在，如TiN，限制奥氏体晶粒长大时。

热轧后在线加速冷却，无论是对再结晶奥氏体还是未再结晶奥氏体，都是非常重要的，这是因为加速冷却速度和加速冷却终止温度对材料最终的显微组织和力学性能有显著的影响[6.9]。图6-5示出了在再结晶控制轧制后，冷却速度和终冷温度对Ti-V-(Nb)-N钢最终显微组织、屈服强度和韧性的影响。

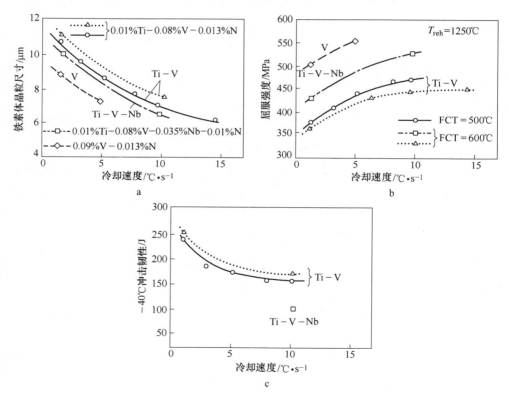

图6-5 终轧温度（1030℃）到终冷温度（FCT）的冷却速度对Ti-V-(Nb)-N

钢组织和性能的影响（终轧压下量均为25%[6.9]）

a—铁素体晶粒尺寸；b—屈服强度；c—冲击韧性

从图中明显可见，冷却速度对微观组织和力学性能有显著的影响。对于 Ti-V-(Nb)-N 钢，其屈服强度随冷却速度增加而增加；但是，与低冷却速度相比（<7℃/s），在高冷却速度条件下，强度随冷却速度的变化较小。当冷却速度很高（15℃/s）时，奥氏体转变为铁素体-贝氏体组织。加速冷却终止温度（FACT）在 400~600℃ 范围内对最终的铁素体晶粒尺寸影响很小，尽管 FACT 低于 500℃ 时，第二相变成了贝氏体组织。另外，屈服强度依赖于 FACT，当 FACT 降至 500℃ 或更低时，屈服强度随 FACT 的降低而增加。如图 6-5 所示，不含 Ti 的 0.09%V 微合金钢经再结晶控轧后加速冷却至室温，获得了最高的屈服强度。

Ti-V-N 钢和 Ti-V-Nb 钢中贝氏体组织的出现改变了屈服强度与 FACT 之间的关系。当 FACT 降到 600℃ 以下时，屈服强度（$R_{p0.2}$）是降低的，因为在贝氏体存在的情况下，尽管抗拉强度持续升高，但并未发生明显屈服。

随着冷却速度提高，再结晶控轧（RCR）+加速控制冷却（ACC）的材料尽管铁素体晶粒尺寸减小，但材料的冲击转变温度上升，这是产生 V(C,N) 或 (V,Nb)(C,N) 的析出强化和在较低的 FACT 下贝氏体的体积分数增加所致。冷速是影响析出粒子尺寸分布的主要因素。随冷速增加，析出相中细小粒子比例增多，粒子间距减小，从而产生更为有效的析出强化[6.5]。原则上，要避免形成马氏体组织，RCR 后的冷却速度（在 γ→α 相变期间）不应超过 10~12℃/s，加速冷却终止温度也不应低于 500℃。然而，在高强度厚板的生产中，有时也采用直接淬火（QT）加回火工艺（T）。

6.4 氮含量的影响

Melloy[6.21] 在 20 世纪 60 年代的研究表明，钒钢中添加较高的氮含量对钢的屈服强度、缺口韧性和焊接性有好的影响。Siwecki 等人[6.1] 的研究也证实，钒微合金钢中的氮有利于晶粒细化和提高屈服强度（见图 6-6）。正如图中所示，冷却速度是影响屈服强度和显微组织的一个重要参数；然而，终轧温度对屈服强度没有明显的影响。通过传统控制轧制和再结晶控制轧制，含钒钢厚板（40mm）、薄板（10mm）和 10mm 棒材（冷却速度分别为 0.24℃/s、0.88℃/s、5℃/s）均可获得诱人的强度性能，并且它们几乎不受终轧温度的影响，如图 6-6 所示，较高温度的 RCR 工艺提高了析出强化效果，而对于低温 CR 工艺，虽然析出强化减弱，但晶粒更加细化，这两个因素相互抵消。

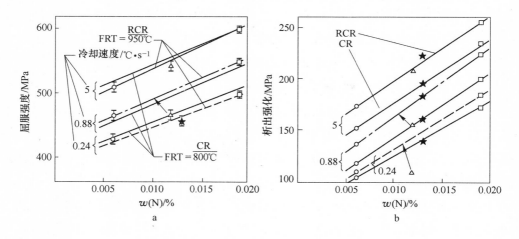

图6-6 屈服强度（a）和析出强化（b）随氮含量的变化

（钢的化学成分为0.12% C-0.09% V-1.35% Mn，采用不同的加工工艺和冷却速度）

图 6-7 示出了氮与再结晶控制轧制和加速冷却工艺一起对钢的强度和韧性的影响。由图可见，在相同的工艺条件下，高氮钢比低氮钢强度增加显著，但韧性有所损失。钢中增氮能充分发挥钒的强化作用，随冷却速度增大，这一作用更为突出。以铁素体晶粒尺寸来说，低氮钢的铁素体晶粒尺寸明显大于高氮钢，特别是较慢的冷却速度条件下。值得一提的是，对于含钛钢，在

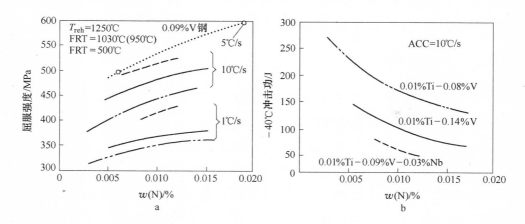

图6-7 氮、钒（铌）和冷速对再结晶控轧的 Ti-V-(Nb)-N 钢

屈服强度（a）和冲击韧性（b）的影响[6.8]

低温控制轧制条件下，氮的作用比再结晶控轧控冷条件下小得多[6.5,6.8]。对于含钛的低氮钢（0.01%Ti-0.08%V-0.003%N），低温控制轧制后的屈服强度与采用 RCR + ACC 工艺几乎相同，这是因为奥氏体中几乎没有 VN 析出；然而，对于高氮钢（0.013%N），经过低温控制轧制（CR）后，由于奥氏体中过早地形成了粗大的 VN 颗粒，减弱了析出强化作用，使屈服应力减小约 50MPa。

图 4-12 给出了 V-N 钢在各种轧制工艺条件下，包括再结晶热轧、低温控制轧制和正火轧制（以 0.9℃/s 的冷速空冷），析出强化对屈服强度的贡献[6.1]。对于 RCR 钢，析出强化随氮含量线性增加。然而，对于正火钢，由于在正火温度下未溶的 V(C,N)数量增加，析出强化对屈服强度的贡献在高氮含量时达到饱和。图 6-6 显示，终轧温度为 800℃ 的低温控轧钢的析出强化值低于终轧温度为 950℃ 的 RCR 钢的析出强化值，这种差异是由于终轧温度较低的轧制过程伴随有应变诱导 V(C,N)析出，进而减弱了析出强化作用。

6.5 本章小结

（1）钒微合金化钢采用 TMCP 的目的是，通过控制奥氏体晶粒组织而最大程度地细化最终晶粒尺寸，并在相变成铁素体后，通过 V(C,N)的析出，在铁素体中产生最大程度的析出强化效果。

（2）为了使强度达到最大化，重要的是在冷却和相变前，钒必须固溶在奥氏体中。出于这个原因，终轧温度最好维持在 900℃ 以上。

（3）钒微合金化不适合在未再结晶区的控制轧制（CR），晶粒细化最好通过奥氏体的反复再结晶来获得（RCR 工艺）。计算机模型的应用，如 MIC-DEL，可以用来设计轧制工艺以达到最佳的晶粒细化效果。

（4）添加少量的钛，由于 TiN 粒子的 Zener 钉扎作用，可以有效地抑制奥氏体再结晶后的晶粒长大。这对再结晶控制轧制（RCR）后的强度和韧性均有贡献。

（5）必须避免在最终道次轧制时采用临界范围内的小变形，以防止该阶段奥氏体中形成粗大的晶粒。

（6）将再结晶控制轧制（RCR）和冷却速度直至 10℃/s 的加速冷却（ACC）结合起来，进一步细化组织是可能的，这使得最终产品中粗大的铁素体-珠光体组织转变成细小的铁素体-贝氏体组织，从而提高了最终产品的强度和韧性。

（7）RCR + ACC 工艺的较高的终轧温度，不仅提供了钢优异的力学性能，而且降低了轧机负荷，还提供了一个比低温控制轧制（CR）更快的生产工艺路线。

（8）氮，与钒结合使用时，是一种非常重要的微合金化元素，对细化铁素体晶粒组织和提高 $V(C,N)$ 的析出强化效果均有贡献。

参 考 文 献

［6.1］ Siwecki T，Sandberg A，Roberts W，Lagneborg R. The influence of processing route and nitrogen content on microstructure development and precipitation hardening in V-microalloyed HSLA steels. Proc. Thermomechanical Processing of Microalloyed Austenite, TMS-AIME, Warrendale, USA, 1982：163～192.

［6.2］ Siwecki T，Sandberg A，Roberts W. Processing characteristics and properties of Ti-V-N steels. Proc. Int. Conf. on HSLA Steels-Technology and Application, ASM, Ohio, USA, 1984：619～634.

［6.3］ Korchynsky M. New trends in science and technology of microalloyed steels. Proc. Int. Conf. on HSLA Steels'85, Beijing, ASM, 1986：251～257.

［6.4］ Siwecki T，Zajac S. Recrystallization controlled rolling and accelerated cooling of Ti-V-(Nb)-N microalloyed steels. Proc. 32nd Mechanical Working and Steel Processing Conference, ISS-AIME, Warrendale, USA, 1991：441～451.

［6.5］ Zajac S，Siwecki T，Hutchinson B，Attlegård M. Recrystallization controlled rolling and accelerated cooling as the optimum processing route for high strength and toughness in V-Ti-N steels. Met. Trans. , 1991, 22A：2681～2694.

［6.6］ Fix R M，DeArdo A J，Zheng Y Z. Mechanical properties of V-Ti microalloyed steels subject to plate rolling simulations utilizing recrystallization controlled rolling. Proc. Int. Conf. on HSLA Steels'85, Beijing, ASM, 1986：219～227.

［6.7］ Lee S W，Choo W Y，Lee C S. Effects of recrystallization controlled rolling on the properties of TMCP steel for ship building application. Proc. Int. Symp. on Low Carbon Steels for 90's, Pittsburgh, ASM Intern. M，M&M Soc. , 1993：227～234.

［6.8］ Siwecki T，Hutchinson B，Zajac S. Recrystallization controlled rolling of HSLA steels. Proc. Microalloying'95, Pittsburgh, ISS-AIME, Warrendale, USA, 1995：197～211.

［6.9］ Siwecki T, Engberg G. Recrystallization controlled rolling of steels. Proc. Thermo-Mechanical Processing in Theory, Modelling & Practice, Stockholm, ASM Intern., 1997: 121 ~ 144.

［6.10］ Tamminen A. Development of recrystallization controlled rolling and accelerated cooled structural steels. Proc. Thermo-Mechanical Processing in Theory, Modelling & Practice, Stockholm, ASM Intern., 1997: 357 ~ 368.

［6.11］ Siwecki T, Engberg G, Cuibe A. Thermomechanical controlled processes for high strength and toughness in heavy plates and strips of HSLA steels. Proc. THERMEC, TMS, M, M&M, 1997: 757 ~ 763.

［6.12］ Siwecki T, Zajac S, Ahlblom B. The influence of thermo-mechanical process parameters on the strength and toughness in direct quenched and tempered boron-steels ($R_e > 700\text{MPa}$). Proc. Physical Metallurgy of Direct Quenched Steels, Materials Week 92, ASM/TMS, Chicago, 1992: 213 ~ 230.

［6.13］ Blomqvist A, Siwecki T. Optimization of hot rolling and cooling parameters for long products. Swedish Institute for Metals Research, Internal Report IM-3101, 1994.

［6.14］ Roberts W, Sandberg A, Siwecki T, Werlefors T. Prediction of microstructure development during recrystallization hot rolling of Ti-V-steels. Proc. HSLA Steels-Technology. and Application, Metals Park, OH, ASM, 1984: 67 ~ 84.

［6.15］ Siwecki T. Modelling of microstructure evolution during recrystallization controlled rolling. ISIJ International, 1992, 32: 368 ~ 376.

［6.16］ Siwecki T, Hutchinson B. Modelling of microstructure evolution during recrystallization controlled rolling of HSLA steels. Proc. 33rd Mechanical Working and Steel Processing Conference, Warrendale, USA, ISS-AIME, 1992: 397 ~ 406.

［6.17］ Pettersson S, Siwecki T. Microstructure evolution during recrystallization controlled rolling of V-microalloyed steels. Swedish Institute for Metals Research Contract Report No 39. 190, 1998.

［6.18］ Sellars C M, Whiteman J A. Recrystallisation and grain growth in hot rolling. Metal Science, 1979, 13: 187 ~ 194.

［6.19］ Kovac F, Siwecki T, Hutchinson B, Zajac S. Finishing conditions appropriate for recrystallization controlled rolling of Ti-V-N-steel. Metall. Trans., 1992, 23A: 373 ~ 375.

［6.20］ Chilton J M, Roberts M J. Microalloying effects in hot rolled low-carbon steels finished at high temperatures. Metall. Trans., 1980, 11A: 1711 ~ 1721.

［6.21］ Melloy G F. How changes in composition and processing affect HSLA steels. Metal Progr., 1966, 89: 129 ~ 133.

7 热机械控制工艺(TMCP) 的应用

采用热机械控制工艺（TMCP）生产中厚板、热轧带钢、长材、管材和锻件的工业应用结果将在本章加以介绍。只要可能，都采用大规模现场生产的数据。作为补充，一些例子则采用试验室或试验生产线的数据。

7.1 厚板

Zajac 等人[6.5]报道了两种氮含量的 V-Ti 微合金钢厚板的生产工艺和性能的详细研究结果。试验钢含有 0.09% C、1.4% Mn、0.08% V、0.003% N 或 0.013% N。试样取自现场铸坯，首先在试验室进行试验，确定热轧和冷却的最佳工艺条件。然后，全尺寸铸坯在现厂进行热轧。对产品的显微组织和力学性能进行了全面的研究。在试轧制中采用的三种工艺途径归纳在表 7-1 中。有两种工艺途径都采用了再结晶控制轧制，采用的轧制道次设计都是为了得到最佳的奥氏体晶粒细化。同时，钢中加入少量钛，利用 TiN 的析出物来限制晶粒长大。其中一种工艺途径是在再结晶控制轧制后进行空冷；另一种工艺途径则采用加速冷却，即再结晶控制轧制 + 加速冷却 （RCR + ACC）。第三种工艺途径采用低温轧制，即采用常规控制轧制 （CR），终轧时得到形变奥氏体组织。

表 7-1　厚板工业生产的轧制工艺参数

工艺途径	加热温度 /℃	终轧温度 /℃	总道次	时间 /min	板厚 /mm	冷速 /℃·s^{-1}	终冷温度 /℃
RCR	1250	1050	10	3	25	0.4	—
RCR + ACC	1250	1050	10	3	25	7	600
CR	1250	800	13	8	20	0.5	—

含 0.01% Ti-0.08% V-0.013% N 钢热轧板的力学性能归纳于图 7-1 中。由图可见，所有三种工艺途径条件下，钢板的韧性都很好 （ITT$_{40J}$ < -80℃），

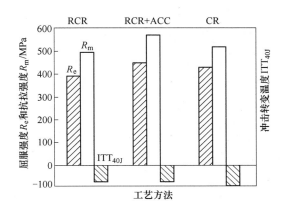

图 7-1　不同生产工艺对工业生产 0.01% Ti-0.08% V-0.013% N 钢板力学性能的影响[6.5]

但最好的是常规控轧（CR）钢板，这是因为该 CR 控轧钢板具有非常细小的铁素体晶粒尺寸和较弱的析出强化作用。常规控轧工艺产生了最细的晶粒尺寸，并且还可以采用加速冷却进一步细化晶粒。然而，CR 控轧钢板尽管晶粒尺寸较小，但其强度较 RCR + ACC 控轧钢板稍低，这是由于在常规控轧工艺的最后低温轧制道次期间 VN 在奥氏体中过早析出的缘故。

与常规控轧工艺相比，再结晶控制轧制具有很重要的优势，那就是高生产率和较低的轧机负荷。当轧制相同钢板时，两种工艺的轧制负荷测定结果在图 7-2 中进行了比较。可以明显看到，由于较低的轧制温度和在再结晶停止温度以下的累积形变，常规控轧（CR）时的最高负荷高出约 25%。常规控

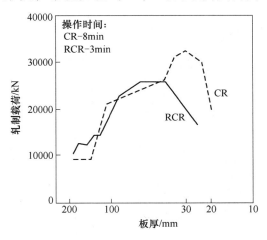

图 7-2　Ti-V-N 钢采用 RCR 和 CR 工艺轧制时轧制力的对比[6.8]

轧需要较长的时间，主要是由于板厚在 40mm 时需要待温，即由 1100℃ 冷到
920℃，还有部分原因是由于终轧道次较多。鉴于上述原因，对于某些特定板
厚的产品，与 CR 工艺相比，从根本上 RCR 工艺的生产效率较高。同时 RCR
工艺也能更充分地利用微合金元素的析出强化作用。

　　最终晶粒组织的光学显微图像示于图 7-3。冷速对于铁素体晶粒尺寸的影
响是很明显的。同时，轧制工艺和氮含量对于晶粒细化也有明显作用。氮的
晶粒细化作用被认为是来自于它对相变的影响（见第 3 章）；但也可能来自细
小弥散的 TiN 粒子，在形变和再结晶以后，该细小析出物可更有效地阻止奥
氏体晶粒长大。

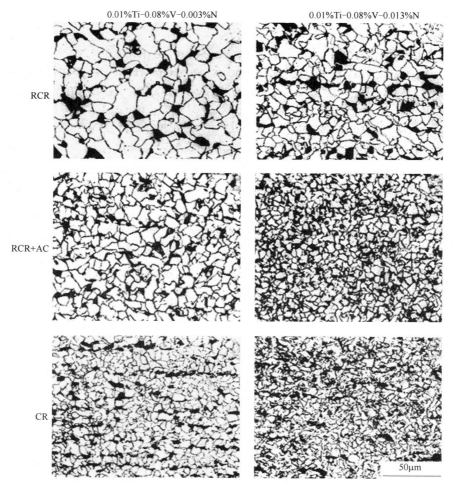

图 7-3　工业生产的采用不同工艺途径轧制的 V-Ti-N 微合金钢钢板的光学显微组织[6.5]

Lee 等人[6.7]报道的 0.015% Ti-0.08% V 钢的试验结果与 Zajac 等人的研究结果很相似。他们的试验钢的基本成分为 0.09% C-0.3% Si-1.5% Mn-0.005% N。韩国浦项钢厂采用 RCR + ACC 工艺生产出的 12mm 厚钢板具有以下的力学性能：R_e 约为 360MPa，R_m 为 490MPa，CVN −40℃ 为 300J。所采用的工艺参数为：加热温度 1250℃，终轧温度 950℃，加速冷却速度 5℃/s，终冷温度 550℃。

Rautaruukki Oy 应用 RCR + ACC 工艺进行厚板轧制试验。Tamminen 报道[6.10]，钛微合金钢厚板可得到很好的力学性能。另外，RCR 工艺轧制钢板的平整度和残余应力水平较 CR 工艺轧制的钢板要好。

较近的工作研究了 V-N 微合金化对更厚钢板的作用，板厚达到 60mm 甚至 70mm。宝钢的杨等人[7.1]及孙等人[7.2]确认，氮含量在 0.01% 的较高水平时对提高强度和改善韧性有很好的作用。根据报道[7.1]，即使在应变时效处理以后，这样高的氮含量也没有负面作用。

对 Ti-V 和 Ti-V-Nb 钢厚板在低温控轧状态下的力学性能的变化也进行了研究。结果如图 7-4 所示，终轧温度从 840℃ 降至约 730℃ 时，控轧钢的屈服强度随着终轧温度的降低而升高。而在大约 850℃ 以上，屈服强度可望

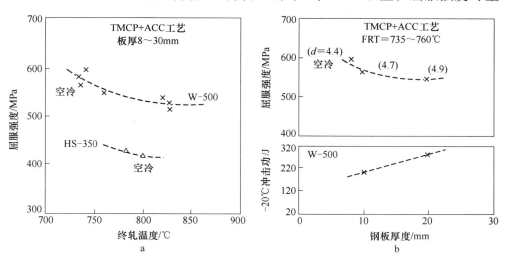

图 7-4 商业化生产的 0.01% Ti-0.04% V(HS − 350) 和

0.01% Ti-0.085% V-0.04% Nb(W-500) CR 控轧钢的力学性能和

铁素体晶粒尺寸与终轧温度(a)和板厚(b)的关系[6.11]

随终轧温度提高而增加，这是由于随着温度的提高，会有更多的钒可以在铁素体中析出而产生析出强化。然而，在这样低的温度时，这种影响似乎被更强的晶粒细化作用所抵消。强度和韧性不仅与终轧温度有关，而且与板厚及冷速有关。如图 7-4 所示，强度随板厚的减薄而提高，而韧性则随之降低。

7.2　热轧带钢

　　通常用于轧制带钢和轧制厚板的钢的根本不同在于带钢的碳含量较低（≤0.08%C）。由于带钢轧制需要相对较低的终轧温度（通常≤900℃），CR 控轧工艺路线结合相应的微合金化将有利于得到好的力学性能。大约 35 年前，首次在热带轧机热轧后引入水冷以获得高强度钢。提高轧后水冷冷速得到了最大的铁素体晶粒细化效果。高的冷却速度降低 $\gamma \rightarrow \alpha$ 的转变温度并增加铁素体形核率。然而，只要对最后轧制条件进行少量调整，也可以得到再结晶的奥氏体。例如，Kovac 等人宣称[7.3]，在热轧 Ti-V 微合金钢带钢时，采用终轧温度（FRT）930℃ 及轧后层流冷却实现了再结晶控制轧制 RCR 条件。8~10mm 厚热轧带钢得到屈服强度 550MPa 和 35J 冲击值转变温度 -40℃。

　　热轧参数和带钢厚度对于奥氏体的细化有很重要的影响，从而带来铁素体晶粒细化强化的效果。而氮含量则由于析出强化（见图 7-5）和进一步细化铁素体晶粒（图 3-13），对屈服强度的提高有很强的作用。

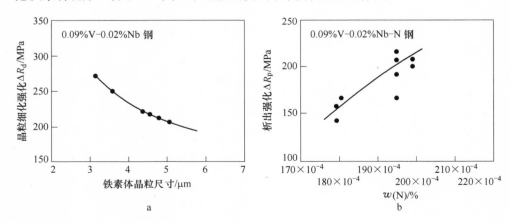

图 7-5　工业生产钒、铌微合金化 HSLA 热轧带钢铁素体晶粒
尺寸(a)和氮含量(b)对屈服强度的贡献

　　事实上，只要终轧温度不要太低，带钢热轧的条件对钒微合金化的适用性几乎达到理想程度。钒几乎完全溶解在奥氏体中，而快速水冷导致铁素体细化达到一个很高的程度，然后是板卷的缓慢冷却，V(C,N) 有足够的时间得到完全的析出而产生强化效果。这样，对晶粒细化强化和析出强化的综合要求得到满足。卷取温度则成为一个重要的工艺参数。Grozier 等人说明[7.4]，针对含 0.12% V 的钢，有一个宽的最佳卷取温度范围 550～600℃，以得到最佳强度性能，见图 7-6。在这个卷取温度范围以上时析出颗粒太大，而低于此温度范围时，由于扩散缓慢而析出不完全。上述结果证明，钒微合金热轧带钢中，氮也具有很强的强化作用。

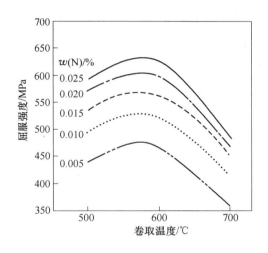

图 7-6　卷取温度对于含 0.12% V、不同氮含量带钢屈服强度的影响[7.4]

　　钒微合金化很适合薄板坯连铸连轧工艺（CSP），因为钢坯轧制前，在隧道式均热炉中的温度约为 1100℃。这样，钒完全溶解在奥氏体中，然后可在最终铁素体中产生析出强化，条件是终轧温度要足够高以避免在奥氏体中出现应变诱导析出。与冷下来以后再加热的常规铸坯不同，薄板坯的原始晶粒因为没有相变而得不到细化，其原始奥氏体晶粒较粗，同时其轧制时的总压下量又受到限制。这就对热轧最佳道次设计带来某些影响。通常，最后轧制道次的压下量要求加大，以得到最佳的晶粒细化效果。但是在 Gallatin 钢公司[7.5]，他们的工作说明，80mm 的薄板坯，当最初三道次（共六道次）采用大压下时，得到最高的强度，见图7-7。该钢含有 0.12% ~ 0.13% V，0.019% ~0.022% N，同时有少量的 Mo。作者解释说，最早道次的累积形变是符合要求的，这样可产生重复的再结晶，以便将粗大的起始晶粒加以破碎。也有可能是，由于终轧道次的大变形时的温度较低，引起应变诱导析出，从而降低了 V(C,N)的强化潜力。

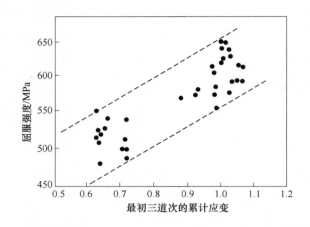

图 7-7 65mm 薄板坯最初三道次总应变量对最终产品屈服强度的影响[7.5]

薄板坯（50mm）直接装炉和轧制的 V-Nb-N 热轧带钢的组织和性能的试验结果说明，当终轧温度为 900℃、卷取温度约为 600℃ 时，轧成的 3.5 ~ 6.0mm 带钢的屈服强度约为 600MPa，伸长率为 24%[7.6]。

Crowther 报道[7.7]，采用连铸薄板坯，但在带钢轧制前，薄板坯经过了再加热的钒微合金带钢的试验结果。表明当终轧温度（FRT）约为 850℃、冷速约为 18℃/s 和卷取温度约为 600℃ 时，较高的再加热温度 1200℃ 带来强度的提高。也对板坯厚度对带钢力学性能的影响进行了研究。针对一系列微合金（Ti-V-Nb-N）带钢的试验得到的屈服强度和板坯厚度的关系见图7-8a。可以看出，在上述板坯厚度的情况下，不含钛的钢其屈服强度很容易超过550MPa，而含钛钢在一些情况下往往达不到这个强度水平。当板坯厚度增加时，可以观察到析出强化和晶粒细化强化的一些减弱，以致降低屈服应力，但改善冲击韧性。

Crowther、Li 和他们的合作者在后来的研究项目中[7.8~7.10]，研究了相类似的钢，但进行了更准确的 CSP 工艺模拟。50mm 厚的试验室铸坯直接装

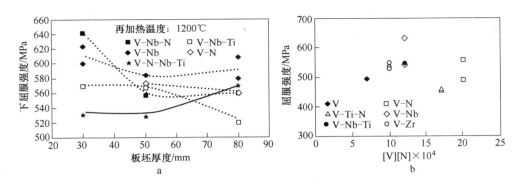

图7-8 钢的化学成分和板坯厚度对下屈服强度的影响(a)[7.7]与
模拟薄板坯连铸连轧(CSP)生产的微合金带钢的屈服强度(b)[7.8]

入炉中，匀热至1050～1200℃，然后进行热轧，终轧温度约为860℃，模拟卷取温度600℃。遗憾的是，终冷温度变化较大，而这一因素对最终性能影响很大。在工业生产中，终冷温度和卷取温度是一致的，因而对他们的结果应有保留的看法。选用一些屈服应力的数值，其终冷温度在550～600℃的范围内，即在其卷取温度的50℃以内，得到的屈服应力和钢中钒与氮含量的关系示于图7-8b。由该图可以看到钛降低钒-氮钢强度的作用，同时也显示氮微合金化的作用很微弱，因而其强度水平一般低于图7-8a中的相应数据。虽然很难得出肯定的结论，但似乎说明，和常规厚板坯工艺相比，CSP工艺中起始的粗大晶粒组织可能带来某些强度损失。可以这样归纳，图7-7中显示的最佳性能来自于相对高的钒和氮的含量，同时与热轧制度的控制有关。

大生产的经验说明，通过传统的低合金高强度钢（HSLA）技术，即析出强化和晶粒细化强化，热轧带钢的屈服强度很难提高至600MPa以上。另一种进行强化的途径是贝氏体或马氏体相变强化。低碳马氏体钢正变得越来越重要，但对于优良塑性和高强度相配合的用途，人们对低碳贝氏体热轧带钢有很大的兴趣。在Swerea KIMAB进行的最近的试验室研究说明，当冷速达到约30℃/s时，模拟的8mm厚热轧带钢的屈服强度可超出700MPa。碳含量上限被定在0.05%，以保证有好的焊接性能，其他合金成分为1.5%Mn、1.0%Cr和0.25%Mo，其依据是得到足够的贝氏体的淬透性。研究还对含0.08%V

和不含钒的两种钢进行了对比[4.30]。图7-9比较了两种钢在模拟带钢轧制后控制冷却至室温和在不同温度卷取后的屈服应力。另外，对直接冷却钢还进行了600℃回火。

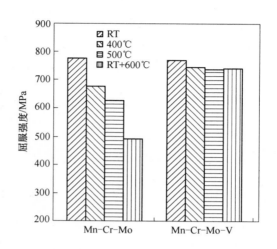

图7-9 含0.08%V和不含钒的贝氏体钢在模拟带钢轧制和冷却以后的屈服强度[7.11]

直接冷却至室温的两种钢，含钒的和不含钒的钢的强度没有差别，这说明，钒对贝氏体相变没有本质的影响。但是，在500℃和400℃卷取以后，这意味着在这种较高的温度下长时间保温，由于冷却速度很慢，不含钒钢则明显强度低。很明显，强度的损失是由于位错结构的回复。当钢中有钒时，此回复过程要缓慢得多。当两种钢的试样直接冷却到室温、然后在600℃回火的试验也得到同样的结果，不含钒的钢的强度在回火后几乎降低了300MPa，而钒微合金钢则只降了30MPa。在此情况下，钒的优势是使热轧带钢对实际卷取温度不敏感，而实际上，在轧制线上要准确控制这么低的卷取温度是很难的。

在贝氏体热轧带钢试验室模拟试验后，接着在瑞典的SSAB钢厂进行了工业生产试制[7.11]。屈服强度和极限拉伸强度的数据说明，在约500℃以下卷取，钢的强度和冲击韧性与卷取温度无关，达到了700MPa的目标，如图7-10所示。拉伸试验的总伸长率大于13%，弯径和板厚比（R/t）小于1.6的冷弯性能很好。焊接性能的要求也得到满足，由于约0.04%C的低碳含量，焊接模拟热影响区（HAZ）的韧性很好。

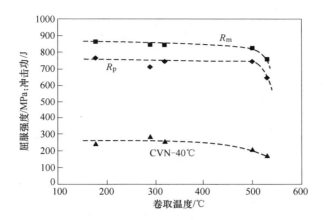

图 7-10　Mn-Cr-Mo-V 贝氏体带钢在不同温度卷取后的强度和韧性[7.11]

7.3　长材产品

　　长材产品包括棒材和型材，后者有不同的型钢，如梁钢、角钢和钢管等。和板带钢相比，长材产品的典型特点是其轧制温度较高。棒材，如建筑用螺纹钢筋，在连轧机组上轧制时通常的终轧温度大约为 1050℃。在可逆式轧机上轧制的产品如大型梁材终轧温度较低，在 950～920℃。相对较高的终轧温度和有很好的机会可以进行轧后控制冷却，使得钒元素成为通过微合金化以达到提高强度目的最好的自然选择。另外，长材产品的大部分都是电炉冶炼钢，其典型氮含量较氧气转炉钢为高。较高的氮含量将进一步增强钒微合金化的效果。

　　棒材，特别是较大尺寸的棒材，往往要锻造成型或机加工成型，然后热处理成为最终产品。这意味着，轧态性能不被应用，因而对最终产品的力学性能没有直接影响。从而可以认为，采用先进的热机械控制工艺和微合金化可能达到的性能对棒材产品通常意义不大。

　　用于建筑的螺纹钢，其尺寸可达 30mm，有时达 40mm，这是一种轧态性能被直接应用到建筑上的最终产品。由于在亚洲，特别是在中国，基本建设发展很快，中国的螺纹钢的年产量增加到大约 1 亿 3 千万吨（2010 年），约占全球钢产量的 9% 和中国钢产量的 20%[7.12,7.13]。传统螺纹钢的碳含量可高至约 0.40%，以得到足够高的强度。但由于焊接在建筑结构中的采用，钢的碳当量要求降低。现代螺纹钢因而只含（0.16% ～0.22%）C。相应的强度的下降可以用微合金化或轧后在线热处理来加以补偿[7.12~7.15]。后一种方法，大家知道的有 Tempcore 或 Thermex，其工作原理是轧制棒材在经最后一个机架后进行快速淬火，在棒材表面层得到马氏体组织；随后，该表面层组织由于来自棒材心部的热流得到自回火[7.14]。这一工艺过程后来成为欧洲生产高强度螺纹钢的主要方法。在世界的其他地方，钒微合金化则是生产高强度螺纹钢的首选技术。对于螺纹钢来说，除了由于降碳需要补偿强度外，人们总是努力提高螺纹钢的强度，以减少钢材重量和降低成本。另外，由于大多数情况下螺纹钢在钢筋混凝土构件中经受单纯拉伸应力或压缩应力，螺纹钢强度的提高将带来相应构件重量的减少，因而是很有效果的。

　　轧制较细的螺纹钢时，较高终轧温度和快速空冷的轧制制度比较适合于采用钒微合金化，以得到有效的析出强化。由于 VC 和 VN 在奥氏体中有较高的溶解度，当钒、氮和碳含量在正常水平时，在终轧温度下所有的钒都溶解于奥氏体中。这样，所有钒含量都被充分利用，在轧材冷却过程中发挥析出强化作用。采用加速冷却有进一步提高强度的可能性，这在许多轧钢厂应用得很好。铌微合金化对于螺纹钢的强化适用性较差。当碳含量为 0.2% 时，再加热到 1200℃ 时，Nb（C，N）不能完全溶解。另外，铌的晶粒细化强化要求低温轧制，而螺纹钢终轧温度较高，不符合上述要求。

　　关于氮在钒钢中促进析出强化的作用，在第 4 章已经进行过较详细的讨论。在高强度螺纹钢的发展中，氮的这一作用是关键性的[7.12~7.14]。图 7-11 显示，

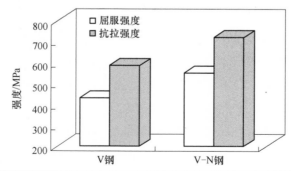

钢种	0.11%V-0.0085%N	0.12%V-0.018%N
屈服强度	442.5MPa	560MPa
抗拉强度	585MPa	720MPa

图 7-11　氮含量对含钒钢筋强度的影响[7.12]

由于氮含量从 $85 \times 10^{-4}\%$ 提高到 $180 \times 10^{-4}\%$ 时，0.11% V 的螺纹钢强度几乎提高了 120MPa，即由 440MPa 提到 560MPa[7.12]。也可以很好地应用氮的这一作用来降低钒含量，同时保持强度水平不变，以节约合金成本。终轧后的加速冷却对提高析出强化非常有效。

在图 7-12 中，对钒含量、氮含量和快速冷却在螺纹钢中的作用进行了归纳[7.12]。如前面的图 6-5 和图 6-6 所示，随着冷速的提高，氮的作用得到本质性的提高。钒-氮微合金化的另一特点是：较高的氮含量导致钒在固溶体中的溶解量进一步减少，使得析出更接近完全[7.12]。正如 4.3 节中所述，这是由于 $V(C,N)$ 析出物沉淀的密度更高。还有，相对于板带钢来说，较高的约 0.2% 的碳含量将按照 4.4 节描述的机制增强富碳的 $V(C,N)$ 的析出，从而进一步提高钢的强度。

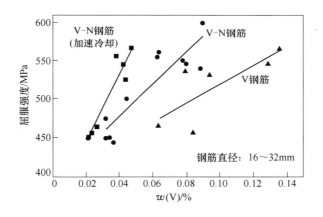

图 7-12　钒含量、增加氮含量及加速冷却对钢筋屈服强度的影响[7.12]

有研究工作试图将钢板用的热机械控制工艺 TMCP 用于螺纹钢轧制[7.16,7.17]。对两种钢进行了研究，钢的基本成分为 0.18% C-1.5% Mn-0.35% Si-0.08% V-0.012% N，其中一种钢含 0.01% Ti，另一种钢则不含 Ti；采用了再结晶控制轧制工艺，在通过奥氏体/铁素体相变区时冷却速度在 3～8℃/s 之间，这样的冷却速度相当于 9～24mm 直径的螺纹钢的空冷速度。当终轧温度为 900℃时，冷速为 3℃/s 时的屈服强度和冲击转变温度 ITT（20J）分别为 600MPa 和 -30℃，而当冷速为 8℃/s 时，则分别为 670MPa 和 -20℃，两种钢之间没有明显的区别。当采用加速冷却时，较上述尺寸大的螺纹钢得到相类似的性能。钢的显微组织除含有多边形铁素体和珠光体外，还含有不同数量的贝氏体/针状铁素体，后者的数量在钒-钛钢中明显多于在钒钢中；当冷速更快时，后者的数量也更多。在该研究中，贝氏体/针状铁素体数量的变化似乎不影响力学性能。两种钢有类似的力学性能，虽然两种钢的贝氏体/针状铁素体的分数差别很大，钒-钛钢中占90%，而在钒钢中只占50%。

在3.4节中描述的基于VN析出物的晶内形核的铁素体晶粒细化新方法在一个欧洲的大型项目中得到开发应用，应用于重梁（UPN160）的试制[3.34]。工业试制是在一个意大利钢厂（Riva Acciaio Sellero）进行的。选定尽可能低的终轧温度，950~920℃，在最后一道次轧制后，首先采用隔热盖以延缓冷却，其目的是促进VN粒子的应变诱导形核，并且保持足够时间让其长大成为有效的铁素体形核颗粒。试验材料为电炉钢，为标准钢号Fe430，其成分为0.16%C、0.75%Mn、0.20%Si和0.11%V以及较高的氮含量0.013%。其中有一炉钢还加入0.01%Ti，这导致铁素体晶粒尺寸从15μm降至10μm。由于晶粒细化强化和析出强化二者的综合作用，钢的屈服强度提高了大约130MPa，-20℃时的冲击韧性很好。

和板带钢相比，长材钢的碳含量较高，这有利于母材和焊接热影响区得到高强度，同时则伴随着韧性的下降。图7-13显示了板材典型碳含量钢和长材典型碳含量钢的试验结果的比较。可以看出，当强度水平一样时，含碳较

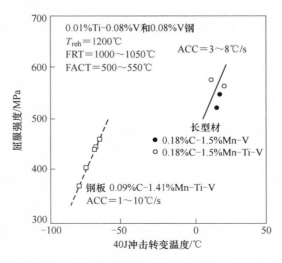

图7-13 碳含量对经类似工艺加工的钒-钛和钒微合金钢试样的强度和韧性的影响[7.17]

高的长材钢的冲击韧性转变温度高出将近 70℃。这基本上是由于较高的珠光体含量，众所周知，珠光体对韧性有不利影响。

有关焊后产生的高温焊接热影响区的韧性方面，相类似的倾向也是很明显的[7.18]。图 7-14 比较了成分为 0.06% C-0.9% Mn-0.078% V-0.014% N 的板带钢和成分为 0.016% C-1.1% Mn-0.055% V-0.010% N 的型钢的韧性。说明在三种焊接条件下，型钢的 40J 冲击转变温度都高出板带钢很多，同时上平台冲击功也较板带钢低得多。然而需要指出，图 7-14 中高碳含量钢的冲击功随温度缓慢上升的特点对图 7-13 中两种碳含量钢的冲击韧性转变温度的差别的影响很大，这取决于选择哪个夏比冲击功的转变温度来进行比较。图 7-14 的结果说明，如果选择夏比冲击功 20J 的转变温度（20J 常常被认为是有足够水平的韧性，参考上文），图 7-13 中的 0.18% C 钢的曲线将产生大到约 50℃ 的变化，而接近 0.09% C 钢的曲线。

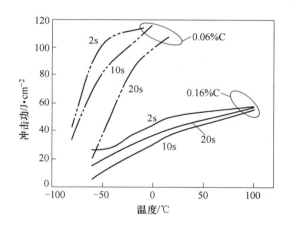

图 7-14 板钢（0.06% C）和型钢（0.16% C）的模拟焊接热影响区的
夏比冲击功随冷却时间 $\Delta t_{8/5} = 2s$、10s 和 20s 的变化[7.18]

7.4 无缝钢管

碳钢无缝钢管的生产分为三个阶段：（1）在约 1230℃ 时进行穿孔，然后轧制至温度 1100 ~ 1020℃；（2）进入炉中进行中间加热；（3）在 930 ~ 830℃ 时进行延展 - 减径轧制以达到尺寸。这一工艺流程可以得到强度适合的材料，但不能保证低温横向冲击韧性。这个问题直接与穿孔和热轧时需要的高温而导致的粗大奥氏体晶粒有关，由此产生的粗大铁素体晶粒以及出现的粗大贝氏体则导致很差的韧性。为了解决这个难题，在此情况下常用的方法是在中间阶段进行在线正火处理，以细化组织和提高韧性。

　　钒微合金化在无缝钢管用钢中得到应用，最早的目的是利用 V(C,N) 的析出强化[7.19,7.20]。然而，近十年来，利用在奥氏体中的 VN 颗粒上的铁素体形核作用来细化铁素体显微组织的可能性引起人们很大的兴趣，有关内容可参考 3.4 节。有研究针对 0.30% C-1.5% Mn-0.10% V 钢，采用试验室模拟无缝钢管轧制过程，包括在线正火，探讨了氮含量对铁素体-珠光体显微组织和力学性能的影响[7.19]。当上述的第（2）阶段的中间冷却温度足够低，足以保证相变完成，此时钢的氮含量从 0.005% 提高到 0.021%，晶粒细化作用达到足够的程度，可以有效地既提高屈服强度又提高冲击韧性，如图 7-15 所示。最佳氮含量看起来是在 0.015% 左右。这一工作的主要结论是，在中间冷却-加热循环时奥氏体中析出的 V(C,N) 颗粒上，诱发铁素体晶粒形核，以致形成密度高且数量大的铁素体晶粒组织。

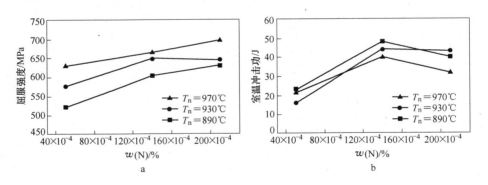

图 7-15　不同氮含量的 0.30% C-1.5% Mn-0.10% V 钢经模拟
无缝钢管轧制工艺后的屈服强度(a)和冲击功(b)[7.19]
（T_n 为中间加热温度）

　　然而，在线中间正火也有其缺点。首先，它降低生产效率；其次，在正火时如果没有完全转变成奥氏体，则可能形成高碳的岛状区域，因而导致最终组织的恶化。为了克服这一困难，提出了另一种通过在 V(C,N) 析出颗粒上形成晶内铁素体的铁素体细化机制，并且对此进行了研究[3.39]。此工艺过程的基点在于取消深度冷却/加热的在线正火过程，代之以利用钢管热轧和定径之间的传送/加热时间，促进奥氏体中 V(C,N) 的析出，以得到其后冷却时铁素体晶粒的形核核心。钢管传送时间的长短主要取决于所轧钢管的尺寸，一般在 80s 至 13min 之间。大家知道，作为先驱物的细小 TiN 颗粒已经在连铸阶段形成，TiN 颗粒能促进 V(C,N)在较高的温度和以较快的速率以复合析出的方式在 TiN 颗粒上析出，有关内容可参考 3.4 节。曾试图在较短的传送时间和较短的定径过程（较高的温度下）的时间内，得到更多的晶内铁素体的形核[3.39]。

上述工艺过程的温度-时间示意曲线见图 7-16。所取得的铁素体晶粒细化效果的数据归纳并示于图 7-17。可以看出，与普通 C-Mn 钢的奥氏体晶界形核相比，晶内铁素体形核可以得到高出其 2.5 倍的晶粒细化效果。在奥氏体

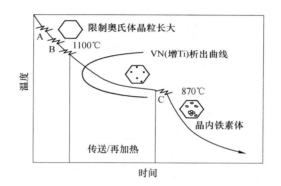

图 7-16 无缝钢管轧制过程，包括穿孔(A)、热轧(B)和定径(C)三步骤的温度-时间示意曲线和叠加的钛促进的 V(C,N)析出 C 曲线[3.39]

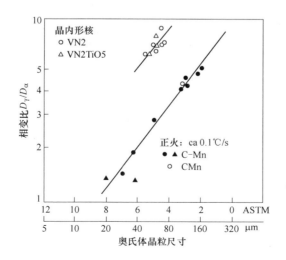

图 7-17 在 VN 颗粒上晶内形核条件下的相变比 D_γ/D_α [3.39]

中形成起作用的 V(C,N) 颗粒的关键在于从钢管热轧到定径的温度-时间的曲线，特别是定径温度。由图 7-17 可见，两种钒-氮钢（0.017% N 和 0.020% N）和一种含 0.017% N 的钒-钛-氮钢的不同定径温度与铁素体晶粒尺寸的关系。当定径温度高于图 7-16 中 V(C,N) 析出 C 曲线的温度时，两种钒-氮钢中，V(C,N) 颗粒不能在奥氏体内部充分析出，导致形成含有魏氏铁素体和贝氏体的混合组织。应当指出，只要有一个最低至 800℃ 的较浅的冷却/加热循环，就可以使所有三种钢都不易产生这种不符合要求的铁素体显微组织，见图 7-18。当采用钛微合金化时，在所有定径温度下都能完全避免显微组织中的贝氏体组分。

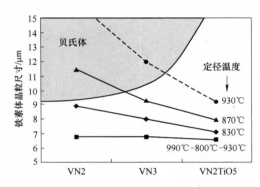

图 7-18　定径温度对 V-N 和 V-N-Ti 钢的铁素体晶粒尺寸的影响[3.39]

针对这三种同样的钢，其传送时间的影响示于图 7-19。当传送时间很长，为 13min 时，三种钢都能得到完全的晶粒细化；而当传送时间很短，只有 80s

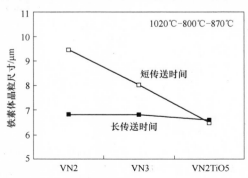

图 7-19　长、短传送时间对含 0.017% N 和 0.20% N 的 V-N 钢

（VN2、VN3）和 V-Ti-N 钢的铁素体晶粒尺寸的影响[3.39]

时，只有钒-钛-氮钢能达到完全的晶粒细化。因而可以得到一个结论，对于钒-氮钢来说，加钛是不可缺少的，加钛钢对于传送时间和定径温度的变化变得不敏感，是稳定有效的微合金化方法。可以总结一下：看起来，所提出的钒-氮和钒-钛-氮微合金钢用于无缝钢管的轧制工艺方案可以取消在线正火工序，而仍能保持和正火钢相类似的晶粒细化效果。

7.5 锻件

传统的高强度锻件钢为淬火和回火（Q-T）合金钢，全尺寸部件淬火后得到马氏体显微组织。这种钢在热锻后需进行多次处理，即淬火、回火、矫直和消除应力退火。还有，对于马氏体硬化钢，加工成最终形状和符合尺寸公差的机加工成本特别高。

近几十年以来，高强度铁素体-珠光体钒微合金钢的发展，给其在锻件钢中的应用带来了很大的兴趣。可以在锻后采用控制空冷或加速空冷直接达到相当于淬火回火钢的强度性能[7.21~7.24]。这样的话，就可以完全避免淬火回火钢的热处理和矫直工序。

为了达到锻件最终形状，而且常常是复杂的几何形状，锻造过程的加热温度、锻造温度范围和压下设计主要由所需要的材料流变来决定。因此，和热轧相比，用于控制组织和性能的工艺变量就少得多。然而，钒微合金钢可以采用稍加调整的常规锻造工艺而达到要求，此时的关键工艺参数是锻后冷却速度，特别是相变区间的冷却速度。建议采用的加热温度为 1150~1250℃，以保证所有原始的 V(C,N) 析出物能完全溶解，从而使钒的强化潜力充分发挥。锻后入堆/入储料箱的温度应保持在约 600℃ 以下，以保证完全的相变和析出强化。

钒微合金化是强化中碳（0.30%~0.50%C）铁素体-珠光体钢的一种有效方法[7.21~7.23]。从电子显微镜观察早已得知，这是在多边形铁素体和珠光体的铁素体片中细小富氮的钒碳氮化物的析出所产生的强化作用。在多边形铁素体中的析出常为相间析出。钒的碳氮化物的溶解度和温度的关系使得它们在不高的温度下即可溶解，从而具有很大的析出强化潜力。因而和其他微合金元素相比，钒微合金化在这类钢中是优先被采用的。可以清楚地在图 7-20[7.21] 中看到加入钒和氮对这种锻件钢的析出强化作用。图中数据都是按照 0.3%Si、80% 珠光体和 20mm 截面尺寸进行规范化处理的，所有钢都含有

0.7% Mn，并在 1200～1250℃进行奥氏体化处理。根据这些结果，5 份重量的氮相当于一份重量的钒。加速冷却是一种提高析出强化效果的有效方法，将冷速从 1℃/s 提高到 4℃/s，0.4% C-1.2% Mn-0.10% V 钢的极限抗拉强度增加 120MPa[7.21,7.22]。

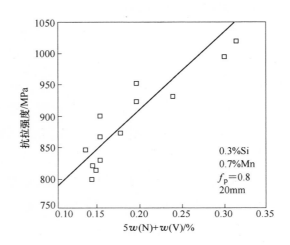

图 7-20 钒和氮的析出强化对抗拉强度的影响[7.21]

针对钒微合金钢的疲劳性能，有许多研究。最近 Li 和 Milbourn[7.24] 对此进行了综述。光滑试样和切口试样以及实际汽车部件的疲劳试验结果说明，当两种钢的硬度相等时，钒微合金钢的疲劳性能与淬火回火钢相当，有时还高于后者。这些研究的一个例子示于图 7-21。

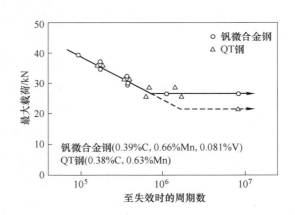

图 7-21 钒微合金钢和淬火回火钢连杆的疲劳强度[7.24]

机加工成本往往是锻造部件整个成本的最大部分。钒微合金钢在这方面有明显的竞争优势，因为普遍认为，与硬度相同的淬火回火钢相比，钒钢的切削性能（刀具寿命、切削力和表面/整体质量）要好得多[7.24]。图 7-22 比较了钒微合金钢（30MnVS6）和两个淬火回火钢 AISI1045 和 AISI5140 的切削性能，切削性能表示为刀具寿命、切削速度和进刀量的关系。可以看出，两个淬火回火钢的切削性能几乎相同，而钒钢在所有条件下都比淬火回火钢好。

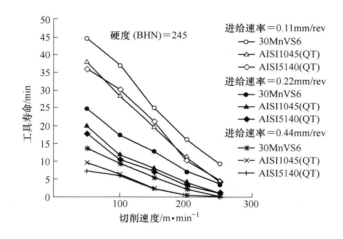

图 7-22　钒微合金钢和两个淬火回火钢在不同切削速度和进刀量下的刀具寿命[7.24]

虽然铁素体-珠光体微合金钢其他性能和淬火回火钢相当，甚至更好，但其韧性明显较低。对于许多不经受严厉冲击载荷的先进用途，微合金钢的韧性仍然是合适的，这样的例子有经受疲劳载荷的汽车零件，如连杆和曲轴。然而，为了扩大微合金钢的用途，改善钢的韧性是至关重要的。采用钛微合金化或将铝含量提高到略高于正常水平，以及准确控制氮含量，可以将加热后的奥氏体晶粒尺寸减小到 50μm 以下。这样可以细化最终铁素体-珠光体显微组织，从而提高韧性。将上述方法和降低碳含量相结合，以及提高锰含量，从渗碳体的角度来稀释珠光体，可以成倍提高标准钒微合金钢的夏比冲击韧性，同时保持钢的强度[7.21,7.22]。也有报道称，在 MnS 夹杂上复合析出的富氮的 V(C,N) 颗粒会促进铁素体形核，可以得到晶粒细化并改善韧性[7.25]。

钒微合金锻件钢在汽车制造上的应用已经越来越普遍了，如曲轴、连杆、转向节、车轴和张力杆等。和传统的淬火回火钢相比，钒微合金锻件钢的应用，由于取消了一些工艺步骤以及切削性能的改善和生产效率的提高，带来的成本节约很显著。图 7-23 显示为钒锻件钢（MA）、两个淬火回火钢（QT）SAE4140 和 SAE4140 + HS（高硫）的六缸曲轴在三种不同的产量水平上的成本分解，分为材料、锻造、热处理和机加工成本[7.26]。由图明显可见，机加工成本是主要的。在此值得指出的是，钒锻件钢的机加工成本较 SAE4140 钢低 28%，较 SAE4140 + HS 钢低 8%。

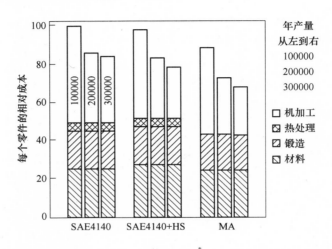

图 7-23　钒微合金钢和两个淬火回火钢(其一为高硫钢，HS)的六缸曲轴的相对成本[7.26]

　　若采用 Mn、Cr、Mo 合金化，空冷锻件钢可得到贝氏体显微组织。钒微合金化应当是保持原贝氏体强度的有效手段，同时也因析出强化进一步提高钢的强度。这种贝氏体钢已经用于某些用途，如曲轴和柴油机喷射组件[7.24]。然而，针对这类钢也提出一些问题。其中的一个问题是，钢中一般含有一定数量的残余奥氏体，从而带来低屈服应力和可能低的疲劳抗力[7.27]。虽然这类钢可能成为将来钒微合金化应用的新领域，但似乎要做更多的进一步的开发工作。还有，由于是在较大尺寸的空冷锻件中得到贝氏体组织，需要较多的合金化元素，这就需要证明，和传统的淬火回火钢相比，这一技术途径在经济上和性能上是否合算。

7.6　本章小结

　　（1）再结晶控制轧制（RCR）和后续的加速冷却（ACC）对于 V-（Nb）-Ti 微

合金钢的厚板、长材和带钢的生产很适用。

（2）钒和氮的微合金化有利于上述各类产品。由于 V(C,N) 密集的析出，在奥氏体至铁素体转变时晶粒细化效果提高，并且强度进一步提高。铁素体晶粒细化意味着析出强化引起的韧性下降趋缓，甚至不下降。

（3）带钢轧制是 V-N 微合金化的理想用场，这是由于在相变区间的快速冷却和卷取后的近等温条件的结合适合于 V(C,N) 的析出。最佳卷取温度在 550~600℃ 的范围内。

（4）采用钒微合金化的高强度贝氏体热轧带钢最近已得到开发。在此情况下，钒起着阻碍位错结构回复的作用，相应地，减少卷取后的强度损失。这带来的实际好处是，力学性能变得对实际卷取温度不那么敏感，而卷取温度在约500℃以下在钢厂条件下不容易控制。

（5）长材产品，如螺纹钢和型钢，很适合于 V-N 微合金化。这些产品需要较高的轧制温度，此时再结晶控制轧制（RCR）条件有利于组织细化。还有，与板带钢相比，长材钢较高的碳含量有利于提高 V(C,N) 的析出强化潜力。

（6）无缝钢管的生产也要求在温度相对高的奥氏体区进行热变形。采用钛微合金化可以得到 TiN 颗粒析出，这些颗粒起到 VN 析出的先驱物的作用，而随后在冷却时，VN 析出物又起到铁素体形核剂的作用。由于晶粒细化和避免较硬相如贝氏体的形成，钢的韧性得到改善。生产时间也可缩短，而且不引起钢管力学性能的下降。

（7）对于许多锻件钢来说，钒-氮微合金化钢形成对淬火回火钢的有力的挑战。前者的强度和疲劳性能与后者相当或更好，但韧性不足。还有，微合金钢较好的机加工性能及其较为直接的工艺途径使得这些微合金钢锻件的生产较相应的淬火回火钢锻件更为经济。

参 考 文 献

[7.1] Yang X, Jin Y, Wang Q, Zhang G. Study of high tensile heavy plate with V-N microalloying technology. Proc. Int. Seminar on Application Technologies of Vanadium in Flat Rolled Sheets, Vanitec, 2006: 64~68.

[7.2] Sun Q, Zhang Y. Hot deformation behaviour and recrystallization controlled rolling of Ti-V-N plate steels. Proc. Int. Seminar on Application Technologies of Vanadium in Flat Rolled Sheets, Vanitec, 2006：69～74.

［7.3］　Kovac F, Jurko V, Stefan B. Report, UEM SAV Kosice, 1990.

［7.4］　Grozier J D. Production of microalloyed strip and plate. Proc. Microalloying'75, ed. M. Korchynsky, New York, 1975：241～250.

［7.5］　Chiang L K. Development and production of HSLA 80ksi (550MPa) steels at Gallatin Steel. Proc. Int. Seminar on Applications of Vanadium in Flat Rolled Steels, Vanitec, 2005：26～33.

［7.6］　Lubensky P J. Wigman S L, Johnson D J. High strength steel processing via direct charging using thin slab technology. Proc. Microalloying-95, Pittsburgh, ISS-AIME, Warrendale, USA, 1995：225～233.

［7.7］　Crowther D N. Vanadium containing high strength strip using thin slab casting. British steel report, 1996.

［7.8］　Li Y, Wilson J A, Crowther D N, Mitchell P S, Craven A J, Baker T N. The effects of vanadium, niobium, titanium and zirconium on the microstructure and mechanical properties of thin cast slabs. ISIJ Int. , 2004, 44：1093～1102.

［7.9］　Li Y, Wilson J A, Craven A J, Mitchell P S, Crowther D N, Baker T N. Dispersion strengthening in vanadium microalloyed steels processed by simulated thin slab casting and direct charging Part 1-processing parameters, mechanical properties and microstructure. Mater. Sci. Tech. , 2007, 23：509～518.

［7.10］　Wilson J A, Craven A J, Li Y, Baker T N. Dispersion strengthening in vanadium microalloyed steels processed by simulated thin slab casting and direct charging Part 2-chemical characterisation of dispersion strengthening precipitates. Mater. Sci. Tech. , 2007, 23：519～527.

［7.11］　Hutchinson B, Siwecki T, Komenda J, Hagström J, Lagneborg R, Hedin J-E, Gladh M. New vanadium-microalloyed bainitic 700 MPa strip steel product. Ironmaking and Steelmaking, 2014, 41：1～6.

［7.12］　Caifu Y. Development of high strength construction rebars. Proc. Int. Seminar on Production / Application of High Strength Seismic Grade Rebar Containing Vanadium, Beijing, 2003：58～70.

［7.13］　Caifu Y. Research, production and application of high strength rebars. Proc. Int. Symp on the Research and Application of High Strength Reinforcing Rebar, Hangzhou, 2003：124～132.

［7.14］　Russwurm D, White P. High strength weldable reinforcing bars. Conf. Proc. Microalloying' 95, Iron and Steel Society Inc. , Pittsburgh, PA, 1995：377～384.

[7.15] Magallon, Molina C, Lopez D, Martinez L. Microalloyed steel bars of 590MPa minimum yield strength. Proc. Int. Conf. on Processing, Microstructure, and Properties of Microalloyed and other Modern High Strength Low Alloy Steels, Iron and Steel Soc., Warrendale, USA, 1992: 217 ~ 222.

[7.16] Siwecki, Engberg G. Recrystallisation controlled rolling of steels. Proc. Conf. Thermo-Mechanical Processing in Theory, Modelling & Practice, Stockholm, 1996 ASM Int., 1997: 121 ~ 144.

[7.17] Blomqvist A, Siwecki T. Optimisation of hot rolling and cooling parameters for long products. Swedish Institute for Metals Research, Internal report IM-3101, 1994.

[7.18] Fahlström K, Hutchinson B, Kommenda J, Lindh-Ulmgren E, Siwecki T. Weldability of vanadium-nitrogen steels. Internal Report, KIMAB-2011-553 (2011).

[7.19] Pan T, Wang Z, Yang C, Zhang Y. Chemistry and process optimisation of V-microalloyed N80 seamless tube. 3rd. Int. Conf on Thermomechanical Processing of Steels, Padua, 2008.

[7.20] Liu G, Liu S, Zhong Y, Zhang Y, Feng S. Microstructure and properties of non-quenched/tempered seamless tubes of medium carbon V-microalloyed steel. Iron and Steel, 40, Supplement November 2005: 535 ~ 541.

[7.21] Lagneborg R, Sandberg O, Roberts W. Microalloyed ferrite-pearlite forging steels with improved toughness. Proc. HSLA Steels' 85, Beijing, 1985: 863 ~ 873.

[7.22] Lagneborg R, Sandberg O, Roberts W. Optimisation of microalloyed ferrite pearlite forging steels. Fundamentals of Microalloying Forging Steels, Golden, Colorado, 1986: 39 ~ 54.

[7.23] Krauss G. Vanadium microalloyed forging steels. Proceedings of the Vanitec Symposium, Beijing, China, 2001: 50 ~ 56.

[7.24] Li Y, Milbourn D J. Vanadium microalloyed forging steel. Proceeding of the 2nd. International Symposium on Automobile Steel, Anshan, China, 2013: 47 ~ 54.

[7.25] Ishikawa F, Takahashi T. The formation of intragranular ferrite plates in medium-carbon steels for hot forging and its effect on the toughness. ISIJ Int., 1995, 35: 1128 ~ 1133.

[7.26] Bhattacharya D. Machinability of a medium carbon microalloyed bar steel. Conf. Proc. Fundamentals of Microallying Forging Steels, Colorado, USA, 1986: 475 ~ 490.

[7.27] Matlock D K. Krauss G, Spear J G. Microstructures and properties of direct-cooled forging steels. J. Materials Processing Technology, 2001, 117: 324 ~ 328.

8 焊 接 性

近些年来，为了满足结构钢焊接热影响区（HAZ）低温韧性的要求，钢中碳、硫和氮($w(\mathrm{N}) < 40 \times 10^{-4}\%$）等有害元素的含量普遍降低，并且还添加微量钛或/和钙。然而，在实际生产中要保证如此低的氮含量是很困难的，且费用高，也不利于钒微合金化钢的强度。Swerea KIMAB（原瑞典金属研究所）对不同微合金钢的许多特征做了大量研究，特别对微合金元素钒、钛、铌以及氮在 HSLA 钢中的重要作用及其对焊接接头性能的影响进行了深入研究[8.1~8.6]。力学性能，特别是热影响区的韧性是受钢成分控制的。在热影响区，原加工工艺对基体材料性能重要的影响，在高温下由于晶粒长大与粒子溶解，在很大程度上得以消除。

在考虑焊接热影响区组织的韧性和断裂时，可以划分为三个主要问题，这些已经在 Hart 发表的有关钒微合金化结构钢的文章中作了综述[8.7]。它们是：（1）与氢致裂纹风险相联系的硬化区的存在；（2）靠近熔合线的粗晶热影响区（CG HAZ）的韧性，特别是在单道次焊接接头的情况下；（3）这些 CG HAZ 在后续的焊接道次临界温度范围（ICCG HAZ）内再加热时的韧性。

8.1 热影响区的淬硬性和氢致裂纹

邻近焊缝区域的快速冷却通常导致可能存在的马氏体局部区域硬度的增加。这些硬化区与拉伸应力和溶解的氢结合，可导致延迟断裂、甚至是自发断裂的风险。为了避免这种情况，普遍做法是规定热影响区的硬度不能超过某一最大值。焊接接头的预热或焊后热处理是有益处的，它通过降低冷却速度而形成较软的相变产物。钢的碳含量是特别重要的，因为较高的碳含量水平不仅增加淬硬性，而且提高了马氏体的硬度。然而，钢的淬硬性取决于它的合金成分，当评估形成脆性区的风险时，正常的做法是定义一个碳当量（CE），将合金元素考虑在内。下面是经多元回归分析推导出的多个公式中的两个：

$$CE = w(C) + w(Mn)/6 + w(Cr + Mo + V)/5 + w(Ni + Cu)/15$$

和　　$$CET = w(C) + w(Mn + Mo)/10 + w(Cr + Cu)/20 + w(Ni)/40$$

　　钒的可能作用并不完全清楚，在 CET 公式中不包括钒，在其他一些研究中甚至发现，在碳当量中钒具有负的系数[8.7]。即使是根据 CE 公式，钒的影响也是微不足道的。微合金钢很少有钒含量超过 0.1%，这仅相当于碳含量增加 0.02%，因此，这不应该代表任何实际问题。对碳当量分析中产生不一致的原因可归因于第 3 章所论述的钒、钛和氮的作用。在奥氏体固溶体中，这些含量水平的固溶钒有一定的提高淬硬性的效果。然而，在 TiN 粒子上形成的 V(C,N) 粒子促进了多边形铁素体和针状铁素体相的形成，给出了相反的、通常是更显著的降低硬度的效果。因此，不同的观察结果可能主要是由于钢的化学成分中钛含量和氮含量较小的变化造成的。

8.2　粗晶热影响区的组织和性能

　　普通碳-锰钢的氮含量显示出与 CG HAZ 的韧性有很强的相关性，较高的氮含量显然是有害的，使夏比冲击转变温度显著提高[8.8]，这反映在各种钢技术规范中规定了最大允许氮含量[8.9]。这经常被归因于"自由氮"的存在，尽管对这一现象似乎还没有很好的解释。然而，氮化物形成元素铝、钛、铌和钒的存在，能大大减轻氮的负作用，这已被许多钢技术规范所接受，即当钢中存在这些合金元素时，对于氮的限制大大地放宽了。在钒存在的情况下，这是特别有意义的，因为在提高钒微合金钢强度方面，氮是一个必不可少的元素。

　　Hannerz 等人的早期的经典工作[8.10]报告了钢的模拟粗晶热影响区的夏比冲击转变温度（ITT）与钒、氮含量以及由 $\Delta t_{8/5}$（800℃到500℃的冷却时间，在冷却过程中相变在此温度区间发生）定义的冷却速度之间的关系，这些结果示于图 8-1。在该研究中可以看到，添加少量钒，直至钒含量达到 0.1%，对单道次焊接热影响区韧性没有不利影响。实际上，冲击转变温度最初稍有降低。比高强度低合金钢正常钒含量更高的钒含量确实能提高 ITT 温度，尤其是在与高热输入焊接相联系的长时间冷却条件下。图 8-1 没有示出钒含量小于 0.1% 的高强度低合金钢在氮含量较高且缓慢冷却时其热影响区的情况，在这些情况下，有韧性损失的风险，这将在下面讨论。

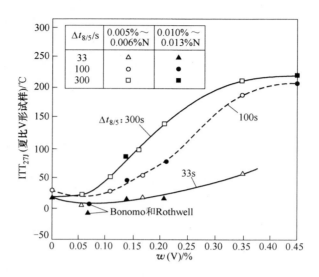

图 8-1　含较宽范围的钒、氮含量钢在不同冷却时间 $\Delta t_{8/5}$
（代表采用不同的焊接热输入）下的模拟 CG HAZ 韧脆转变温度[8.10]

　　粗晶热影响区组织的性能与相互关联的两个因素有关。第一个因素是奥氏体晶粒尺寸，通常由冷却后的最终组织的粗化程度和可能存在的硬质相来反映。粗大奥氏体晶粒对热影响区韧性总是有害的。钢的成分以及在某种程度上原加工条件会影响奥氏体晶粒尺寸，如3.1节和3.2节所述。第二个因素是在冷却过程中通过相变形成的主要相的性质，它们包括各种平均晶粒尺寸的多边形铁素体、贝氏体、针状铁素体、珠光体或马氏体。在这里重要的是原始奥氏体晶粒尺寸，以及其他影响铁素体形核的因素，如3.4节所述。各种微合金钢晶粒粗化的研究结果[8.1,8.2]示于图8-2，显示不同升温速率下焊接模拟后的平均奥氏体晶粒尺寸。

　　所有成分的钢均显示出随加热速度的降低奥氏体晶粒尺寸增加的趋势。在某种程度上，这是由于在高温停留时间变长所致，但它主要是在加热过程中，相变为奥氏体的速率不同的结果，如3.2节中所述。不同微合金钢之间的差异是显而易见的，如图8-2所示，这反映了在高温下阻碍奥氏体晶粒长大的不同的未溶析出物的效果。在多数情况下，钒钢显示了最大的奥氏体晶粒尺寸，虽然它比普通碳-锰钢的晶粒尺寸小（在图中未示出）。铌钢晶粒粗

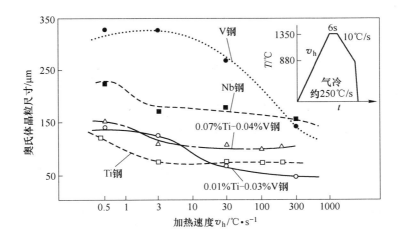

图 8-2 焊接模拟的各种高强度低合金钢的奥氏体晶粒尺寸和加热速度的关系[8.1]

化程度较小，因为它的碳氮化物比较稳定；最极端的情况是钛钢，由于 TiN 粒子几乎不溶于奥氏体，其所有晶粒尺寸保持在 $100\mu m$ 以下，除了在最慢的加热速度下。在钒微合金钢中加入少量的钛来细化奥氏体晶粒组织的优点在这里是显而易见的。低至 0.01% 的钛含量就产生了显著的效果；但是，高于 0.02% 的钛含量，由于形成粗大的 TiN 粒子，其效果减弱。较高的钛含量降低 TiN 的溶解度，因此，在铸造过程中，TiN 的初次析出温度提高，并导致形成较粗的 TiN 粒子。

不同温度下奥氏体晶粒长大的趋势显示出不同微合金化元素的效果，如图 8-3 所示[8.2]。这些适用于不同的加热时间，其中与焊接最相关的条件显示在最右边。由图可见，在 1350℃ 保温 30min 后，含钛钢的平均奥氏体晶粒尺寸比碳-锰钢的小 6 ~ 15 倍；在焊接模拟条件下，至少小 3 倍。同时还可看到，温度直至 1300℃ 时，钛微合金钢能显著抑制晶粒长大。在有钒和/或铌存在的情况下，钛钢对晶粒粗化的抑制作用减弱，但这些钢仍然比碳-锰钢要好。

对分别含有低氮（0.003% N）和高氮（0.013% N）的商业 0.01% Ti-0.08% V 钢板的晶粒粗化研究结果表明[8.3,8.4]，低氮钢在高于 1250℃ 温度时就出现晶粒显著长大现象，而高氮钢在 1350℃ 的高温下仍能保留细小的晶粒。因此少量的钛与较高氮含量水平的组合可有利于提高熔合线附近的热影响区韧性。

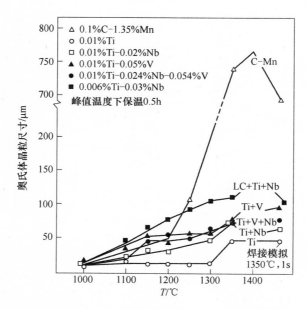

图 8-3   长时和短时保温条件下，峰值温度和钢成分对奥氏体晶粒尺寸的影响[8.2]

8.3   氮和焊接参数对钒钢 HAZ 韧性的影响

多年来的经验表明，钒微合金钢热影响区的组织和韧性以相当复杂的方式变化，它们取决于焊接条件和钢的化学成分，特别是氮含量[8.1～8.6]。高氮（0.013% N）和低氮（0.003% N）的 25mm 厚 0.01% Ti-0.08% V-N 商业钢板，分别采用再结晶控制轧制（RCR）、再结晶控制轧制及加速冷却（RCR + ACC）和控制轧制（CR）工艺路线生产。为了研究钢板生产工艺路线、氮含量和热输入对 HAZ 韧性和组织的影响，在高、中、低热输入焊接条件下，进行了模拟 25mm 厚钢板热影响区的热循环实验[8.3,8.4]。另外，对这些钢板还进行了实际焊接实验。

图 8-4a 显示了焊接热模拟实验得到的 0.01% Ti-0.08% V-N 钢的 HAZ 冲击韧性变化曲线，为了对比，图 8-4b 示出了实际焊接试验的结果。由图可见，钢板的 TMCP 工艺参数对焊后粗晶 HAZ 韧性没有明显影响。对于低氮钢，冷却时间 $\Delta t_{8/5}$ 对韧性的影响比较小，随冷却时间增加，转变温度上升约 10℃。在实际焊接条件下呈现出类似变化，但随热输入增加变化稍大。高氮钢则明显不同，其冲击转变温度强烈依赖于冷却时间或热输入。

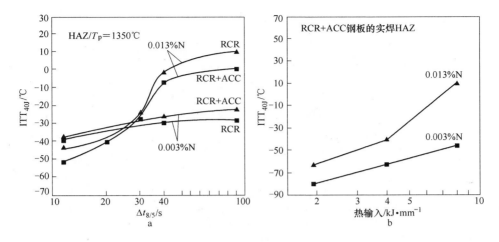

图 8-4 不同热输入下，高氮(0.013%N)和低氮(0.003%N)

25mm 厚钢板焊接热影响区的冲击韧性转变温度 （ITT$_{40J}$）[8.3, 8.4]

a—模拟 HAZ；b—实焊 HAZ

　　如图 8-4 所示，钒-氮微合金钢的 HAZ 韧性（由冲击转变温度定义）随冷却速度增加而提高，直到 $\Delta t_{8/5}$ 时间降至 12s。这对于与较快冷却速度相关联的低能量焊接工艺是有意义的[8.6]，如激光（-混合）、电子束和脉冲电弧焊接工艺。对由 CSP 工艺生产的成分为 0.06% C-0.9% Mn-0.08% V-0.014% N（此钢不含钛）5mm 厚钢带进行了焊接试验。焊接热模拟实验的峰值温度 1350℃，冷却时间从 40s 到只有 2s，对冲击转变温度进行了测定，如图 8-5 所示。由于这些试验采用的是小尺寸夏比冲击试样，与前面的结果不具有严格

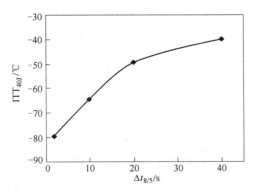

图 8-5　0.08% V-0.014% N 钢以不同的冷却速度模拟焊接后，

其 CG HAZ 冲击转变温度的变化[8.6]

的可比性，但趋势应该是可靠的。事实上，随冷却速度增加，韧性提高的趋势一直持续，直至最快的冷却条件。

　　热输入和氮含量对 V-Ti-N 钢 ITT 温度的综合影响如图 8-6 所示。根据这些结果，我们并不能把"自由"氮与高热输入焊接后的低韧性直接联系起来。相反，高氮钢（0.013% N）在冷却时间少于 10s 时（低热输入）表现出最高的 HAZ 韧性。在此热输入（冷却条件 $\Delta t_{8/5} \leqslant 30s$）条件下，冷却至相变温度过程中奥氏体中不会产生 VN 析出，铁素体中的"自由"氮将比慢冷试样中的高。随着冷却时间的增加，V（C，N）的析出物应该更多，这将降低固溶体中的氮含量；但是这些试样表现出低的韧性。Mitchell 等人[8.11]也得出结论，在他们研究用的微合金钢中，自由氮不是引起 CG HAZ 韧性变化的主要因素。在夏比冲击试验中，他们发现与上述类似的关系，即高热输入提高了钒钢和钒-铌钢的冲击转变温度；然而，在 CTOD 试验中，发现了相反的趋势，较好的韧性在一定程度上是与较高的热输入相关联的。

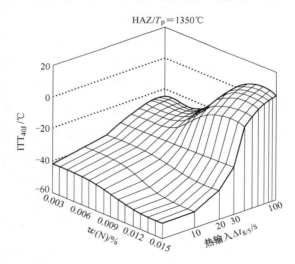

图 8-6　氮含量和热输入对采用 RCR + ACC 工艺生产的 0.01% Ti-0.08% V
钢板焊接热影响区冲击转变温度（ITT_{40J}）的综合影响[8.4]

　　Mitchell[8.11]曾报道过 0.08% V-0.05% Nb-0.01% Ti 钢的 HAZ 有相当低的冲击韧性，这种低韧性（40J 的冲击功对应于 −5℃）不太可能由自由氮造成，因为氮、钛含量几乎符合理想化学配比，所有的氮能完全结合为 TiN。但是，通过向钒-铌-钛钢中添加 0.25% Mo 可使 HAZ 韧性得到改善，在 $\Delta t_{8/5}$ = 50s 时，

40J 的冲击功对应于 −25℃。

8.4 粗晶热影响区的韧性-组织关系

根据图 8-4 ~ 图 8-6 所示的结果，即 40JITT 温度随热输入/冷却时间的显著变化，可以得出结论，0.01% Ti-0.08% V-N 钢的 CG HAZ 的缺口韧性取决于其显微组织。具有代表性的模拟 HAZ 组织的光学显微组织照片示于图 8-7，在所有冷却速度下，低氮钢含有针状相，尽管随冷却时间增加，这些相略有粗化；在快速冷却条件下，高氮钢具有类似的组织形貌，然而，随 $\Delta t_{8/5}$ 增加，

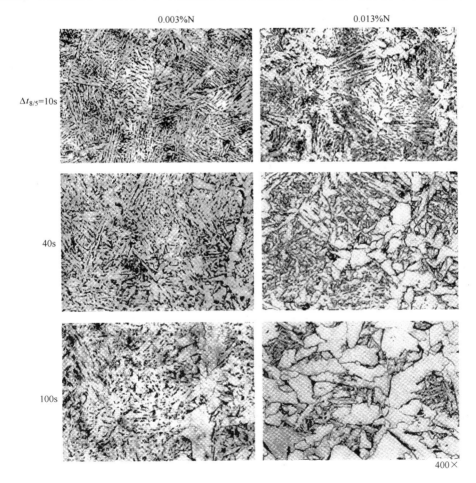

图 8-7　高氮（0.013%）和低氮（0.003%）Ti-V-N 钢模拟不同冷却时间（$\Delta t_{8/5}$）

后的 HAZ 显微组织[8.4]（峰值温度 1350℃）

晶界铁素体越来越多。HAZ 组织中这种粗大的晶界铁素体，被认为可显著降低 HAZ 韧性。这些晶粒很大，可达 100μm，大致沿着原奥氏体晶界形成，二次解理裂纹穿过这些晶粒[8.3]。

对这些不同的组织进行了定量分析，结果示于图 8-8。用已经用于焊接组织但并不完全令人满意的术语来表征：

PG（G）：沿着原奥氏体晶界形成的多边形铁素体；

PF（I）：在原奥氏体晶粒内部形成的多边形铁素体；

P：珠光体；

M：马氏体；

FS：含有第二相的细小铁素体。

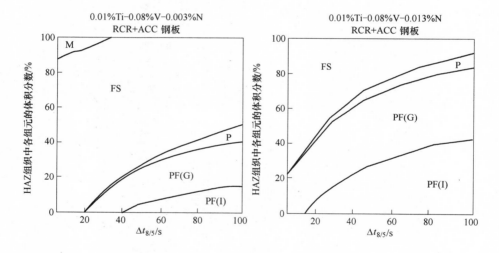

图 8-8　采用 RCR + ACC 工艺生产的低氮和高氮的 Ti-V 钢，HAZ 组织中各组元的
体积分数和热输入的关系（峰值温度 1350℃，冷却时间 $\Delta t_{8/5}$）[8.4]

比较特殊的是，FS 相包括具有较差韧性的上贝氏体（相对大的板条束在奥氏体晶界形核）和具有良好耐断裂性能的、在晶内形核的针状铁素体（如细小的互锁板条）。然而，有趣的是，这里所观察到的组织与图 3-18 所示的 Caballelo 等人的 CCT 结果符合得非常好。较高的氮将晶界铁素体相变移到更高的温度，参照 3.4 节和图 3-18。这意味着，即使在高冷却速度下，奥氏体晶界会被这些铁素体所覆盖，如图 8-8 所示，因此将阻止贝氏体形成，取而代之的是，在晶粒内部促进针状铁素体形成，如 3.4 节所述。对于低氮含量

钢，在高的冷却速度下，没有晶界铁素体形成，见图8-8，从而促进贝氏体组织的形成，其韧性比针状铁素体差。钒-氮对微观组织影响所带来的缺陷是，在慢冷条件下，高的相变温度导致形成粗大的晶界铁素体，可达100μm，其冲击韧性很低，如图8-6所示。

V-N微合金钢在高热输入焊接后，其CG HAZ韧性的恶化可以合理地归因于粗晶多边形铁素体的形成，在快速冷却条件下其优异的性能与晶内形核相如针状铁素体的形成有关，这些必定与奥氏体向铁素体相变的性质有关，它受钢中钒和氮含量的共同影响。在膨胀实验中可以看出这种效果，在较高的氮含量水平下，相变温度明显提高，如图8-9和图8-10所示。

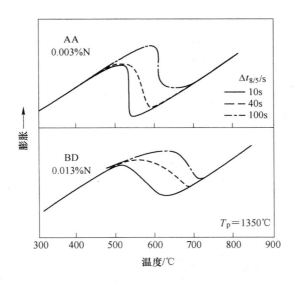

图8-9　低氮和高氮含量钒微合金钢在焊接模拟冷却时的膨胀曲线[8.3]

在图8-9中，两种钢含0.08%V和0.003%N或0.013%N。虽然氮是奥氏体稳定化元素，预期会降低相变温度，但是观察到的是相反的效果。类似地，在图8-10中，铌微合金钢（D）含有0.07%C－1.4%Mn，其相变温度比含0.06%C-0.9%Mn的钒-氮钢（A）低大约80℃。基体成分的差异不能解释A_{e3}温度的差异超过10℃。采用电子背散射衍射（EBSD）技术对快速冷却（$\Delta t_{8/5}$为2s）试样的微观组织进行了详细的检验，在统计的基础上，确定板条和板条束界面的取向差[8.13]，这些研究的一些结果示于图8-11中。

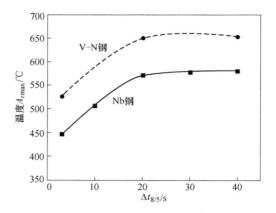

图 8-10   铌和钒-氮微合金钢在 1350℃ 保温 2s、以不同速度冷却后的最大相变速率温度[8.6]

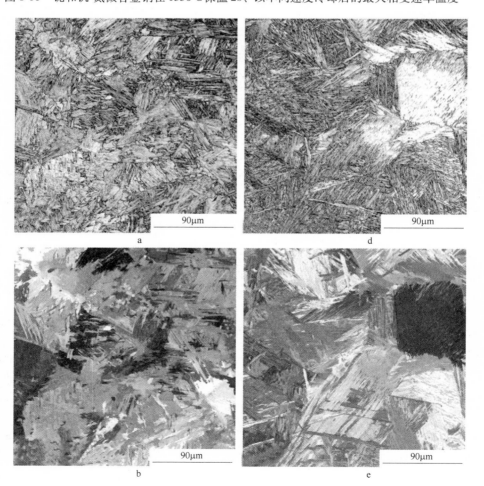

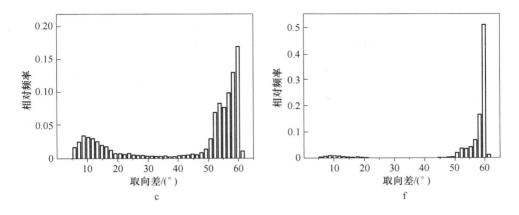

图 8-11 冷却时间 $\Delta t_{8/5}$ 为 2s 的模拟 HAZ 组织

a~c—钒-氮钢 A；d~f—铌钢 D；a，d—花样质量图；

b，e—取向图（IPF）；c，f—界面取向差分布[8.13]

在光学显微镜下，很难识别钢 A 和钢 D 中的针状结构之间的差异，然而，EBSD 结果表明，铌钢 D 具有非常高频率的取向差为 60°的层状孪晶边界，而钒-氮钢 A 包含广泛分布的低和高角度晶界。即使在最快的冷却速度下，钒-氮钢也有一些晶界铁素体形成，足以防止贝氏体的广泛形成，导致形成针状铁素体和分散的贝氏体的混合物。在这些情况下，正是晶界取向差分布定义了有效晶粒尺寸，可用来解释韧性的显著差异[8.13]。尽管这些微观组织似乎不十分像网篮图案的经典的针状铁素体，但是它们具有相似的晶界特性。在光学显微镜下，这些组织可归为 FS 相，并发现了冲击韧性和 FS 相体积分数之间的相关性，如图 8-12 所示。在这些冷却条件下具有完全贝氏体结构的铌钢具有相当低的韧性，ITT 温度为 −20℃[8.6]，而钒-氮钢的 ITT 温度为 −80℃。

在大于 10kJ/mm 的大热输入量焊接时，由于形成了上贝氏体和 M-A 岛，CG HAZ 的韧性有时会恶化，这个问题可以通过添加少量钛（约 0.015%）或复合添加钛、硼、稀土元素和钙得到缓解。通过这些成分微调后的钢，在 15kJ/mm 的大热输入量焊接时，能获得满意的 −20℃ HAZ 韧性[8.3~8.9]。如上所述，细小 TiN 颗粒或其他析出相能抑制奥氏体晶粒粗化并为铁素体形核提供有利位置，从而减少了上贝氏体的体积分数。从上面的结果可以看出，通过调整热输入量，可以在高氮钢中获得一种良好的细小转变产物，从而获得

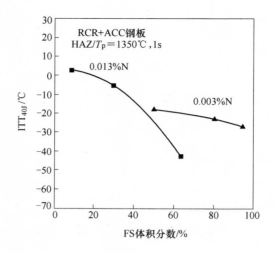

图 8-12　HAZ 的 ITT_{40J} 与含有第二相的
铁素体(FS)体积分数之间的关系

良好的韧性。

8.5　多道次焊接对 HAZ 韧性的影响

根据瑞典标准焊接试验，25mm 钢板通常采用两道或多道焊。对 0.01% Ti-0.08% V-N 钢板多道焊的研究表明，第二道焊对 HAZ 韧性具有正面作用，即使在高热输入时也是如此。在高热输入条件下，即冷却时间 $\Delta t_{8/5} = 100s$，双道次焊接后的 HAZ 韧性比单道次焊接有显著提高。0.013% N 钢板的 ITT_{40J} 降低了 50℃，达到 −48℃，而 0.003% N 钢板 ITT_{40J} 达到 −60℃。热模拟试验结果表明，当 $\Delta t_{8/5} < 40s$，特别是 $\Delta t_{8/5} < 10s$ 时，由于得到含有第二相的细小铁素体组织（FS），高氮钢板的 HAZ 获得了优异的缺口韧性（见图 8-12）。因此，若冷却时间能够确保获得 50% 的细小 FS 组织，就可以得到良好冲击缺口韧性（见图 8-6、图 8-8），并且它与氮含量无关，结果如图 8-13 所示。研究表明，在高热输入单道次焊接条件下，钒微合金钢的冲击转变温度（ITT）随氮含量增加而提高，但在低和中等热输入的多道次焊接条件下，ITT 值基本不变，如图 8-13 所示[8.3]。在多道次焊接过程中，前几道次溶解的 VN 粒子在随后的道次中重新析出，这些粒子阻止晶粒粗化，并通过相变得到细晶粒铁素体，从而获得高韧性。

Mitchell 等人[8.11,8.12]报道，钢中钒含量直至增加到 0.16%，多道次焊接

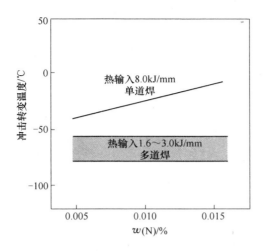

图 8-13 氮含量对 0.1%V 钢焊接热影响区韧性的影响

接头的 HAZ 韧性得到了改善，但 CTOD 转变温度稍有增加；他们还报道，较高热输入（>2kJ/mm）对 CTOD 韧性有正面作用，而对 40J ITT 有小的负面影响。焊接接头韧性的改善被认为与形成了良好微观组织有关，即晶内铁素体。这与我们自己的观察结果相一致。在高热输入条件下，HAZ 组织通常是含第二相的细小铁素体(FS)、晶界铁素体(PF(G))和晶内铁素体(PF(I))的混合组织，见图 8-7 和图 8-12。在高热输入条件下，高氮钢的 HAZ 韧性较差，这是由于粗大晶界铁素体体积分数显著增加以及 V(C,N) 的析出硬化而造成的[8.4]。同时也注意到，热轧工艺对 HAZ 组织和性能并没有明显影响。

在多道次焊接过程中，可能出现更复杂的情况。前面的讨论已经涉及将前一道次焊接的 HAZ 重新加热至完全的奥氏体化温度范围。然而，与后续焊接道次相联系的温度梯度通常使得原来的 CG HAZ 部分被加热到临界区（IC）的温度范围，此时，CG HAZ 组织中仅部分相变为奥氏体。在这种情况下，新的奥氏体变得非常富含碳，冷却后导致形成残余奥氏体/马氏体（M-A 结构）的颗粒。这种"淬火态"高碳马氏体非常硬且脆，或者通过开裂或者通过削弱与软相铁素体基体界面的结合力而成为裂纹启裂源。这种临界粗晶热影响区（IC CG HAZ）现象可以导致距熔合线几毫米处存在一个最低韧性的窄区。Li 和他的同事采用实验室模拟双道次焊接实验，对普碳钢和微合金钢这一区域的断裂行为进行了研究和比较[8.14~8.16]，峰值温度分别为 1350℃ 和

800℃，冷却时间 $\Delta t_{8/5}$ 均为 24s。

M-A 相以块形岛或条状形式存在，经常与碳化物颗粒结合在一起。接近断裂表面，可以看到断裂的条状 M-A 相和块状 M-A 岛与基体的分离，表明这些很可能是导致断裂的机制。图 8-14 示出了四种钢的夏比冲击功曲线，钢的基本成分为 0.09% C-0.2% Si-1.4% Mn-0.005% N，微合金元素的变化是：分别添加 0.05% V、0.1% V 和 0.03% Nb。与普通 C-Mn 钢相比，0.05% V 的较低含量改善了韧性；将钒含量增加至 0.1% V，导致冲击转变温度升高，与图 8-1 中单道次焊接后的特征一致。添加 0.03% Nb 也提高了冲击转变温度。模拟的单道次粗晶热影响区（CG HAZ）和双道次临界粗晶热影响区（IC CG HAZ），它们的夏比冲击转变温度与微合金元素含量之间的关系示于图 8-15。

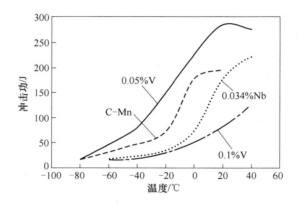

图 8-14 四种钢的模拟双道次焊后的 IC CG HAZ 的夏比冲击试验结果[8.16]

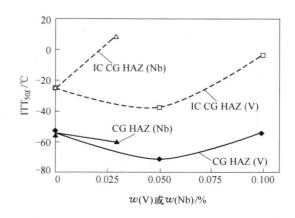

图 8-15 模拟单道次和双道次焊后的微合金化钢夏比冲击转变温度[8.15]

图 8-15 表示在双道次焊后可能发生的临界区韧性严重恶化的一个例子，其中峰值温度分别为 1350℃ 和 800℃[8.15]。与单道次 CG HAZ 区韧性相比，IG CG HAZ 的冲击转变温度的升高超过 40℃。添加少量的钒具有有益的作用，但这种有益的作用，在 0.1% V 的较高水平下变为无效。在采用 CTOD 表征韧性的条件下，可以看到，钒微合金钢和铌微合金钢具有类似的行为[8.15]。

8.6　本章小结

（1）通过合理选择微量添加元素和焊接参数，高氮钒微合金钢可以获得良好的焊接性，包括 HAZ 硬度及韧性。

（2）HAZ 韧性随焊接热输入（冷却时间）增加而降低是总的趋势。对于低氮钢，这种影响很小，韧性仅略有降低；对于高氮钢（0.013% N），当冷却时间大于 30~40s 时，其冲击转变温度急剧上升。

（3）在焊接过程中，钒钢和铌钢 HAZ 中的奥氏体显著粗化。通过向钒钢和铌钢中添加微量钛，可以使这种粗化降到最低。在钛–钒–氮钢板中，氮含量增加到超过 TiN 的理想化学配比时，将进一步阻碍 HAZ 的晶粒粗化。

（4）钢板的生产工艺路线似乎对 HAZ 韧性没有明显影响。

（5）钒微合金钢在双道次焊或多道次焊后通常具有良好的韧性，与氮含量无关；在临界区加热的粗晶热影响区（IC CG HAZ）的韧性降低，尽管其降低程度小于 C-Mn 钢或铌微合金化钢。

参 考 文 献

[8.1] Hansson P, Ze X Z. The influence of steel chemistry and weld heat input on the mechanical properties in Ti-microalloyed steels. Swedish Institute for Metals Research, Internal Report IM-2300, 1988.

[8.2] Hansson P. Influence of nitrogen content and weld heat input on Charpy and COD toughness of the grain coarsened HAZ in vanadium microalloyed steels. Swedish Institute for Metals Research, Internal Report IM-2205, 1987.

[8.3] Zajac S, Siwecki T, Hutchinson B, Svensson L-E, Attlegård M. Weldability of high nitrogen Ti-V microalloyed steel plates processed via thermomechanical controlled rolling. Swedish Institute for Metals Research, Internal Report IM-2764, 1991.

［8.4］ Zajac S, Siwecki T, Svensson L-E. The influence of plate production processing route, heat input and nitrogen on the toughness of Ti-V-microalloyed steel. Int. Symp. On Low Carbon Steels, Pittsburgh, USA, TSM, 1993: 511~523.

［8.5］ Bowker J T, Orr R F, Ruddle G E, Mitchell P S. The effect of vanadium on the parent plate and weldment properties of accelerated cooled API 5LX100 steels. 35th Mechanical Working and Steel Processing Conference, Pittsburgh, 1973: 403~412.

［8.6］ Fahlström K, Hutchinson B, Kommenda J, Lindh-Ulmgren E, Siwecki T. Internal report, Swerea KIMAB-2011-553, 2011.

［8.7］ Hart P H M. The influence of vanadium microalloying on the weldability of microalloyed steels. Welding and Cutting, 2003, 55: 204~210.

［8.8］ Hannerz N E. Weld metal and HAZ toughness and hydrogen cracking susceptibility of HSLA steels influenced by Nb, Al, V, Ti and N. Proc. Conf. Welding of HSLA (Microalloyed) Structural Steels, Rome, 1976: 365~385.

［8.9］ MNC Handbook nr. 15 Welding of Steels, SIS, 1986.

［8.10］ Hannerz N E, Jonsson-Holmqvist B M. The influence of vanadium on heat affected zone properties of mild steel. Metal Science, 1974, 8: 228~234.

［8.11］ Mitchell P S, Morrison W B, Crowther D N. The effect of vanadium on the mechanical properties and weldability of high strength structural steels. Low Carbon Steels for the 90's, ASM/TSM, Pittsburgh, USA, 1990: 337~334.

［8.12］ Mitchell P S, Hart P H M, Morrison W B. The effect of microalloying on HAZ toughness. Microalloying 95, ed. M. Korchynsky et al., I&SS, Pittsburgh, USA, 1995: 149~162.

［8.13］ Beladi H, Hutchinson W B. Deakin University, Australia, un-published work, 2013.

［8.14］ Li Y, Crowther D N, Green M J W, Mitchell P S, Baker T N. The influence of vanadium in microalloyed steels on the properties and microstructure of the intercritically reheated coarse grained zone. Thermomechanical Processing of Steels, IOM, 2000, 1: 69~78.

［8.15］ Li Y, Crowther D N, Green M J W, Mitchell P S, Baker T N. The effect of vanadium and niobium on the properties and microstructure of the intercritically reheated coarse grained heat affected zone in low carbon microalloyed steels. ISIJ International, 2001, 41: 46~55.

［8.16］ Li Y, Baker T N. Effect of morphology of martensite-austenite phase on fracture of weld heat affected zone in vanadium and niobium microalloyed steels. Mater. Sci. Techn., 2010, 26: 1029~1040.